영재학급, 영재교육원, 경시대회 준비를 위한

창의사고력 초등 수학 팩토

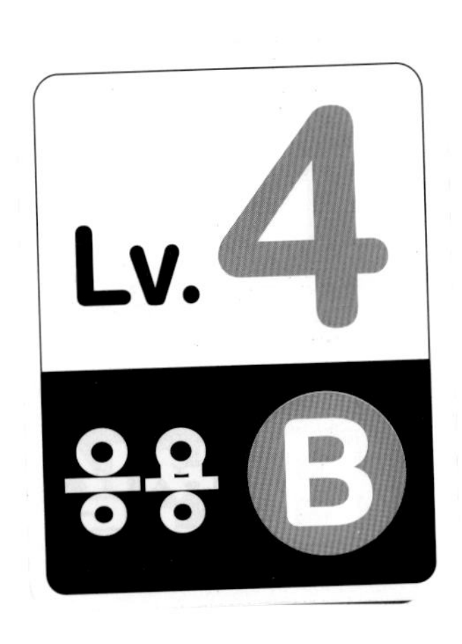

개념과 원리의 탄탄한 이해를
바탕으로 한 사고력만이
진짜 실력입니다.

이 책의 구성과 특징

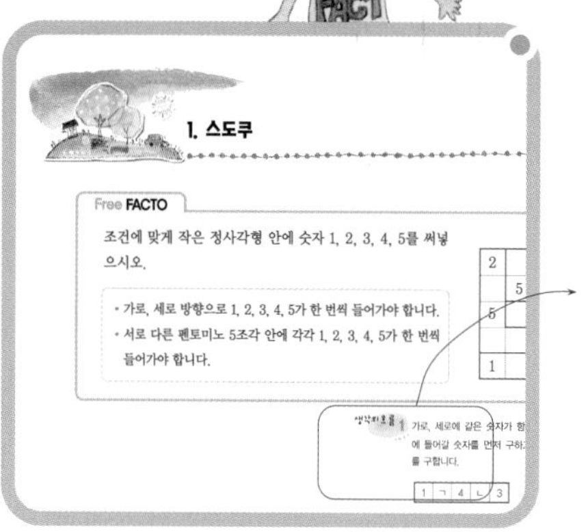

Free FACTO

창의사고력 수학 각 테마별
대표적인 주제 6개가 소개됩니다.
생각의 흐름을 따라 해 보세요!
해결의 실마리가 보입니다.

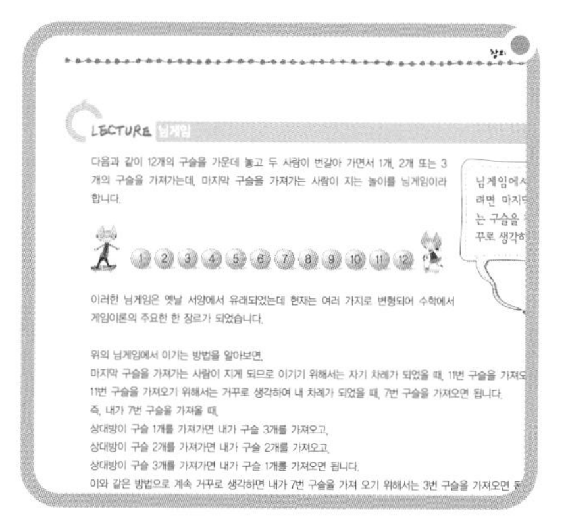

Lecture

문제를 해결하는 데 필요한
개념과 원리가 소개됩니다.
역사적인 배경,
수학자들의 재미있는 이야기로
수학에 대한 흥미가 솔솔!

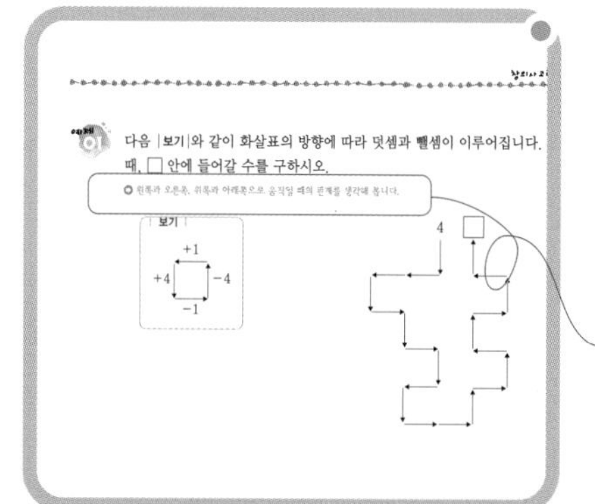

Active FACTO

자! 그럼 예제를 풀어 볼까?
자신감을 가지고 앞에서 살펴본
유형의 문제를 해결해 봅시다.
힘을 내요!
힘을 실어 주는 화살표가 있어요.

Creative FACTO

세 가지 테마가 끝날 때마다
응용 문제를 통한 한 단계 Upgrade!
탄탄한 기본기로 창의력을 발휘해요.

Key Point
해결의 실마리가 숨어 있어요.

Thinking FACTO

각 영역별 6개 주제를 모두 공부했다면
도전하세요!
창의적인 생각이 문제해결 능력으로
완성됩니다.

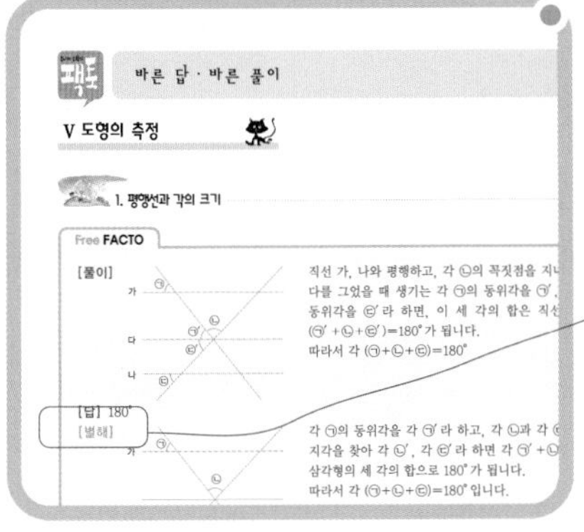

바른 답 · 바른 풀이

바른 답 · 바른 풀이와 함께
논리적으로 정리해요.

다양한 생각도 있답니다.

이 책의 차례

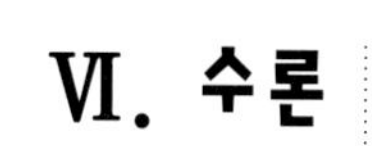

Ⅵ. 수론

Ⅶ. 논리추론

Ⅷ. 공간감각

Ⅸ. 카운팅

Ⅹ. 문제해결력

머리말

서로 다른 펜토미노 조각 퍼즐을 맞추어 직사각형 모양을 만들어 본 경험이 있는지요?

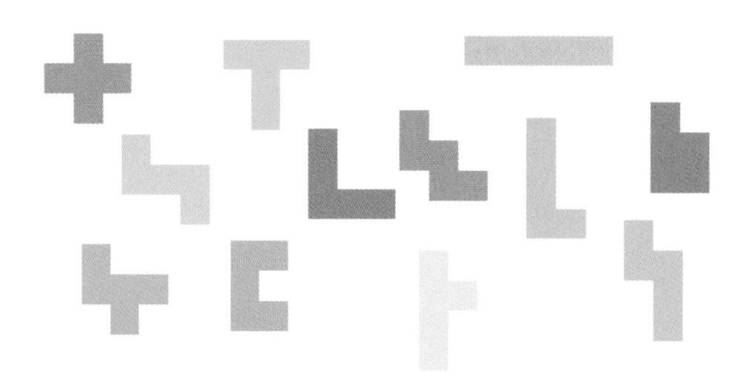

한참을 고민하여 스스로 완성한 후 느끼는 행복은 꼭 말로 표현하지 않아도 알겠지요. 퍼즐 놀이를 했을 뿐인데, 여러분은 펜토미노 12조각을 어느 사이에 모두 외워버리게 된답니다. 또 보도블록을 보면서 조각 맞추기를 하고, 화장실 바닥과 벽면의 조각들을 보면서 멋진 퍼즐을 스스로 만들기도 한답니다.
이 과정에서 공간에 대한 감각과 또 다른 퍼즐 문제, 도형 맞추기, 도형 나누기에 대한 자신감도 생기게 되지요. 완성했다는 행복감보다 더 큰 자신감과 수학에 대한 흥미가 생기게 되는 것입니다.

팩토가 만드는 창의사고력 수학은 바로 이런 것입니다.

수학 문제를 한 문제 풀었을 뿐인데, 그 결과는 기대 이상으로 여러분을 행복하게 해줍니다. 학교에서도 친구들과 다른 멋진 방법으로 문제를 해결할 수 있고, 중학생이 되어서는 더 큰 꿈을 이루는 밑거름이 되어 줄 것입니다.
물론 고민하고, 시행착오를 반복하는 것은 퍼즐을 맞추는 것과 같이 여러분들의 몫입니다. 팩토는 여러분에게 생각할 수 있는 기회를 주고, 그 과정에서 포기하지 않도록 여러분들을 도와주는 친구일 뿐입니다. 자 그럼 시작해 볼까요?
팩토와 함께 초등학교에서 배우는 기본을 바탕으로 창의사고력 10개 테마의 180주제를 모두 여러분의 것으로 만들어 보세요.

Ⅵ 수론

1. 고대의 수

Free FACTO

고대 중국에서는 다음과 같이 숫자를 가로와 세로 모양으로 나누어 홀수째 번 자리(일, 백, 만의 자리, …)와 짝수째 번 자리(십, 천, 십만의 자리, …)의 숫자를 다르게 나타내었습니다. 예를 들어, 73426은 ⊤│ 三 ││││ 二 ⊤ 으로 나타내었습니다.

	1	2	3	4	5	6	7	8	9
홀수째 번 자리	│	││	│││	││││	│││││	⊤	⊤│	⊤││	⊤│││
짝수째 번 자리	一	二	三	亖	亖一	⊥	⊥一	⊥二	⊥三

현대의 수를 고대 중국의 수로 나타내시오. 또, 고대 중국에서 위와 같이 두 가지로 나누어 숫자를 쓴 이유를 말해 보시오.

고대 중국의 수	│││││ │││││		
현대의 수	505	555	50505

이유: ____________________

생각의 흐름

1 짝수째 번 자리인지 홀수째 번 자리인지 확인하면서 현대의 수를 고대 중국의 수로 나타냅니다.
고대 중국의 수에서
① 홀수째 번 자리 숫자가 연달아 나오면 중간에 한 자리가 생략되어 있다는 것입니다.

백	십	일
│││││		│││││

② 짝수째 번 자리 숫자가 연달아 나오면 중간에 한 자리가 생략되어 있다는 것입니다.

천	백	십	일
亖一		三	⊤│

2 고대 중국의 수에서 홀수째 번 자리와 짝수째 번 자리로 나누어 숫자를 나타낸 이유를 생각해 봅니다.

예제 01 다음의 수를 현대의 수로 나타내시오.

홀수째 번 자리 또는 짝수째 번 자리가 연달아 나오면 중간에 한 자리가 생략된 것입니다.

(1) 𝍭 𝍪 𝍢

(2) 𝍥 𝍪 𝍢 𝍦

(3) 𝍧 𝍨 𝍤

(4) 𝍪 𝍥 𝍪 𝍩 𝍨

LECTURE 숫자 0은 왜 사용되었을까?

현재 우리가 쓰고 있는 모든 수는 0에서 9까지의 10개의 숫자와 자리의 원리를 이용하여 나타낸 것입니다.

202에서 왼쪽 처음에 나오는 숫자 2는 백의 자리 숫자로서 200을 나타내고, 오른쪽 끝의 2는 일의 자리 숫자로서 2를 나타냅니다.
이와 같이 숫자는 위치하고 있는 자리에 따라 다른 값을 나타내도록 하여 오직 10개의 숫자만으로 무한히 많은 수를 나타낼 수 있게 된 것입니다.

202에서 0은 십의 자리 숫자이지만 역시 아무 것도 없는 0을 나타냅니다.
그런데 왜 0은 사용되었을까요?

만약 0이 없다면 백의 자리 숫자인 2는 어느 자리의 숫자인지 알 수 없게 됩니다. 즉, 0은 각 숫자가 어떤 자리의 숫자인지를 명확히 알려 주기 위해 사용되었습니다.

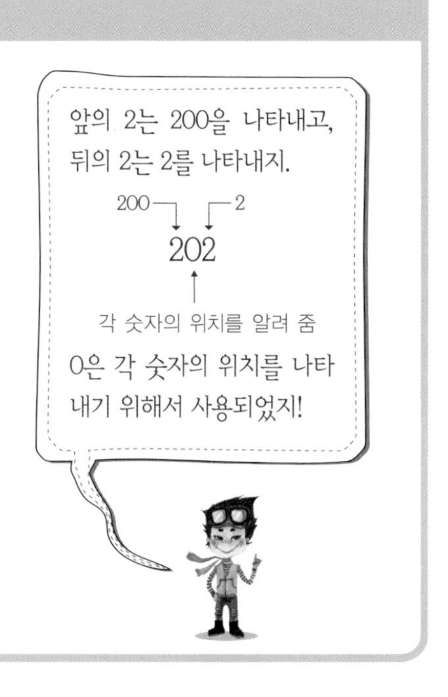

2. 수 만들기

Free FACTO

다음 숫자 카드를 한 번씩만 사용하여 네 자리 수를 만들려고 합니다. 이 수들을 작은 수부터 차례로 쓸 때, 2031은 몇째 번 수입니까?

0	1	2	3

생각의 흐름

1 주어진 4개의 숫자로 만들 수 있는 가장 작은 수를 만듭니다.

2 십의 자리와 일의 자리 숫자를 바꾸면 둘째 번으로 작은 수가 됩니다. 이와 같이 셋째 번, 넷째 번, …으로 작은 수를 차례로 구합니다.

3 2031은 몇째 번 수인지 구합니다.

LECTURE 숫자 카드로 수 만들기

숫자 카드로 수를 만들어 봅시다.

카드가 놓인 위치에 따라 나타내는 수가 다르다는 것을 이용하여 큰 수, 작은 수를 만들 수 있습니다.

① 큰 수를 만들 때에는 가장 높은 자리부터 큰 숫자를 놓으면 됩니다.

② 작은 수를 만들 때에는 가장 높은 자리부터 작은 숫자를 차례를 놓으면 됩니다. 이때, 숫자 0은 가장 높은 자리의 숫자가 될 수 없음에 주의합니다.

③ 몇째 번으로 작은 수를 구할 때에는 가장 작은 수부터 차례로 만들면서 구하면 됩니다.

예를 들어, 0, 2, 4, 6으로 세 자리 수를 만들 때,

가장 큰 수부터 만들면 642, 640, 624, 620, 604, …

가장 작은 수부터 만들면 204, 206, 240, 246, 260, …

주어진 숫자 카드로 가장 작은 수를 만들 때에는 가장 높은 자리부터 작은 수를 차례로 놓으면 돼.
이때, 가장 높은 자리에는 0이 들어갈 수 없지!

다음 4장의 숫자 카드 중에서 3장을 뽑아 세 자리 수를 만들 때, 넷째 번으로 큰 수는 무엇입니까?

가장 큰 수는 752, 둘째 번으로 큰 수는 750입니다.

다음 숫자 카드를 모두 한 번씩 사용하여 넷째 번으로 작은 수를 만들 때, 천의 자리 숫자는 무엇입니까?

가장 작은 수는 2035689, 둘째 번으로 작은 수는 2035698입니다.

3. 큰 수

Free FACTO

다음 수를 숫자로 나타낼 때, 0은 모두 몇 번을 써야 합니까?

오천오조 오만 오

생각의 흐름

1 다음과 같이 수의 각 자리가 네 자리씩 끊어지도록 표를 만듭니다.

2 위의 표에 숫자를 써넣습니다. 비어 있는 칸은 0으로 채웁니다.

3 0이 몇 개 있는지 구합니다.

LECTURE 큰 수 나타내기

큰 수는 다음과 같이 만, 억, 조, 경, 해, 자, 양, 구, 간, 정, 재, 극, 항하사, 아승기, 나유타, 불가사의, 무량대수 등에 일, 십, 백, 천을 붙여 네 자리씩 끊어서 나타냅니다.

일 →	일,	십,	백,	천
만 →	일만,	십만,	백만,	천만
억 →	일억,	십억,	백억	천억
조 →	일조,	십조,	백조,	천조
경 →	일경,	십경,	백경,	천경
해 →	일해,	십해,	백해,	천해
		⋮		

일상생활에서는 조 단위의 수 정도면 충분히 쓸 수 있다고 합니다.
큰 수 중의 하나인 항하사(1 다음에 0이 52개 있는 수)는 인도 갠지스 강의 모래와 같다고 해서 지어진 이름으로 얼마나 큰 수인지 상상이 갈 것입니다.

아무리 큰 수라도 네 자리씩 끊어 만, 억, 조, 경, 해 등을 큰 수에 붙여 읽으면 돼.

23561278124512

는 네 자리씩 끊고, 만, 억, 조를 붙여서

조 억 만
23|5612|7812|4512

23조 5612억 7812만 4512라고 읽지!

다음 수를 숫자로 나타낼 때, 숫자 0은 모두 몇 번 나옵니까?

□□□□(조) □□□□(억) □□□□(만) □□□□(일)에 숫자를 채워 넣은 다음, 0의 개수를 세어 봅니다.

이백조 삼천일

만 원짜리 지폐 100장의 두께는 약 2cm라고 합니다. 다음 중 천억 원을 만 원짜리 지폐로 쌓았을 때의 높이와 가장 가까운 것은 어느 것입니까?

5층짜리 건물의 높이는 약 20m이고, 한라산의 높이는 약 1950m입니다.

① 농구 선수의 키 ② 5층짜리 건물의 높이 ③ 전철의 길이
④ 63빌딩 ⑤ 한라산의 높이

Creative 팩토

고대 이집트에서는 다음과 같이 수를 나타내었습니다.

𓏺𓏺𓏺𓏺𓏺𓏺	𓎆𓎆𓎆𓎆𓎆	𓍢𓍢𓍢	𓆼𓆼
6	50	300	2000

고대 이집트 벽화에 다음과 같은 그림이 있었습니다. 소 몇 마리를 나타낸 것입니까?

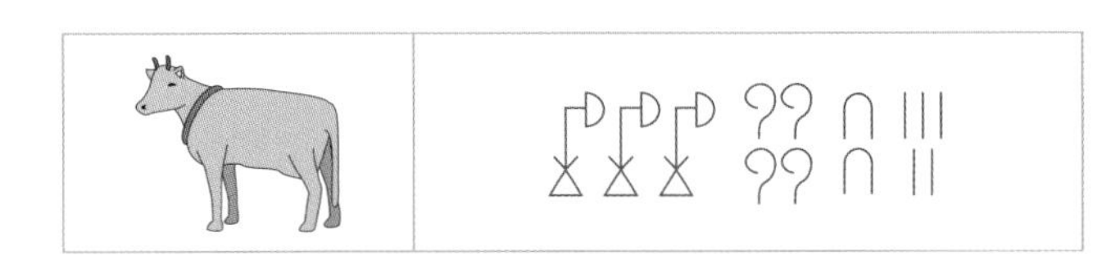

Key Point

𓆼 =1000, 𓍢 =100, 𓎆 =10, 𓏺 =1

다음 중 1조를 잘못 말한 것은 어느 것입니까?

① 9900억보다 100억 큰 수

② 10억을 1000번 더한 수

③ 100만의 1000만 배인 수

④ 5000억을 2배 한 수

⑤ 1에 0이 12개 붙어 있는 수

Key Point

보기의 수를 직접 구해 보고 1조가 되는지 확인합니다.

만의 자리의 숫자가 7이고, 십의 자리의 숫자가 9인 다섯 자리 수 중에서 79983보다 큰 수는 모두 몇 개 있는지 구하시오.

KeyPoint
조건에 맞는 가장 큰 수는 79999입니다.

0에서 9까지의 숫자 카드로 다음 조건에 맞는 수를 만들었을 때, 사용하지 않은 숫자 카드를 구하시오.

- 아홉 자리 수입니다.
- 백만의 자리 숫자가 2입니다.
- 셋째 번으로 작은 수입니다.

KeyPoint
백만 자리 숫자가 2이면서 가장 작은 수는 102345678입니다.

다음 6장의 숫자 카드를 한 번씩 사용하여 가장 작은 여섯 자리 수를 만들 때, 숫자 3이 나타내는 수는 얼마입니까?

1 3 0 4 9 6

Key Point
작은 수를 만들려면 작은 숫자가 앞으로 와야 하지만 0이 수의 맨 앞에 올 수는 없습니다.

0에서 9까지의 숫자를 한 번씩 사용하여 69억에 가장 가까운 수를 만들 때, 이 수의 천의 자리 숫자는 무엇입니까?

Key Point
다음 두 수 중 69억에 더 가까운 수를 찾습니다.
690□□□□□□□
689□□□□□□□

다음 숫자 카드를 한 번씩 사용하여 650000에 가장 가까운 수를 만드시오.

2	5	0	8	7	1

Key Point

십만 자리의 숫자가 5, 7인 수를 각각 만들어 650000에 더 가까운 수를 구합니다.

1에서 9까지의 숫자 카드가 두 장씩 있습니다. 이 중 16장을 뽑아 16자리의 수를 만들려고 합니다.

(1) 천조의 자리 숫자가 5인 수 중에서 가장 큰 수는 무엇입니까?

(2) 십조의 자리 숫자가 7인 수 중에서 가장 작은 수는 무엇입니까?

Key Point

큰 수는 큰 숫자가 앞으로 와야 하고, 작은 수는 작은 숫자가 앞으로 와야 합니다.

4. 숫자의 개수

Free FACTO

다음과 같이 10부터 13까지의 수를 차례로 쓰려면 모두 8개의 숫자가 필요합니다. 1부터 120까지의 수를 모두 쓰려면 몇 개의 숫자가 필요합니까?

10111213

생각의 흐름

1 1부터 120까지의 수를 한 자리 수와 두 자리 수, 세 자리 수로 나눕니다.

2 한 자리 수, 두 자리 수, 세 자리 수의 개수를 각각 구합니다.

3 한 자리 수의 숫자의 개수는 수의 개수와 같고, 두 자리 수의 숫자의 개수는 두 자리 수의 개수의 2배입니다. 또, 세 자리 수의 숫자의 개수는 세 자리 수의 개수의 3배입니다.
이를 이용하여 각각의 숫자의 개수를 구하여 더합니다.

LECTURE 숫자의 개수

수는 숫자로 이루어져 있습니다. 즉, 세 자리 수인 262는 숫자 2 두 개와 숫자 6 한 개로 모두 3개의 숫자로 되어 있습니다.

① 0에서 9까지의 수는 각각 1개의 숫자로 되어 있으므로 0에서 9까지의 수의 개수는 9−0+1=10(개)이고, 숫자의 개수도 10개입니다.
② 10에서 99까지의 두 자리 수는 각각 2개의 숫자로 되어 있으므로 10에서 99까지의 수의 개수는 99−10+1=90(개)이고, 숫자의 개수는 90×2=180(개)입니다.
③ 100에서 999까지의 세 자리 수는 각각 3개의 숫자로 되어 있으므로 100에서 999까지의 수의 개수는 999−100+1=900(개)이고, 숫자의 개수는 900×3=2700(개)입니다.

숫자의 개수는 수를 이루는 각 자리의 숫자의 개수를 구하는 것이므로 수의 개수와 구별하여야 합니다.

0에서 9까지 수의 숫자의 개수는 각각 1개이고, 10에서 99까지 수의 숫자의 개수는 각각 2개야. 또, 100에서 999까지 수의 숫자의 개수는 각각 3개이지!

컴퓨터로 34를 입력하려면 키보드의 3과 4를 한 번씩 쳐야 합니다. 컴퓨터로 1부터 50까지의 수를 입력하려면 숫자 키보드를 모두 몇 번 쳐야 합니까?

◐ 한 자리 수(1~9)와 두 자리 수(10~50)로 나누어 생각합니다.

다음과 같이 1에서 100까지의 수를 쓸 때, 숫자 0은 몇 번 나옵니까?

◐ 1에서 100까지의 수를 쓸 때, 숫자 0이 들어가는 수를 모두 찾아봅니다.

1, 2, 3, 4, 5, ⋯, 99, 100

5. 조건과 수

Free FACTO

다음 조건을 만족하는 수를 구하시오.

① 각 자리 숫자가 모두 홀수인 다섯 자리 수입니다.
② 각 자리 숫자가 모두 다르고, 95000보다 큰 수입니다.
③ 백의 자리 숫자에 0이 아닌 어떤 수를 곱하여도 그 곱은 어떤 수가 됩니다.
④ 일의 자리와 백의 자리 숫자의 합은 십의 자리와 천의 자리 숫자의 합과 같습니다.

생각의 흐름

1 다섯 자리 수이므로 다음과 같이 자릿값이 적힌 표를 만듭니다.

만	천	백	십	일

2 조건 ①, ②에서 각 자리 숫자는 1, 3, 5, 7, 9로 서로 다릅니다. 조건 ②를 보고 만의 자리 숫자를 구합니다.

3 조건 ③을 보고 백의 자리 숫자를 구합니다.

4 조건 ①과 ④를 이용하여 나머지 각 자리 숫자를 구합니다.

LECTURE 조건에 맞는 수 구하기

조건에 맞는 수를 구할 때에는 다음과 같이 자릿값이 적힌 표를 만들어 구하면 편리합니다.

…	만	천	백	십	일

조건을 보고 각 자리 숫자를 모두 구한 다음, 마지막으로 구한 수가 주어진 조건을 모두 만족하는지 다시 한 번 검토해 보아야 합니다.

자릿값이 적힌 표를 이용하여 조건에 맞는 각 자리 숫자를 구한 다음, 반드시 모든 조건을 만족하는지 검토해 보자!

다음 조건에 맞는 네 자리 수를 구하시오.

조건 ④에서 5로 나누어떨어지고, 조건 ①에서 홀수이므로 구하는 수의 일의 자리 숫자는 5입니다.

① 3000보다 크고 4000보다 작은 홀수입니다.
② 백의 자리 숫자에 어떤 수를 곱하여도 그 곱은 0이 됩니다.
③ 십의 자리 숫자는 나머지 각 자리 숫자의 합과 같습니다.
④ 5로 나누어떨어집니다.

다음을 만족시키는 수는 모두 몇 개입니까?

5700보다 크고 6200보다 작으므로 가능한 수는 57○○, 58○○, 59○○, 60○○, 61○○입니다.

① 5700보다 크고 6200보다 작습니다.
② 십의 자리 숫자는 2보다 작습니다.
③ 일의 자리 숫자는 7보다 큽니다.

6. 거울수

Free FACTO

수 353은 거꾸로 읽어도 353으로 원래 수와 같습니다. 이와 같이 바로 읽거나 거꾸로 읽어도 같은 수를 거울수라고 합니다. 세 자리 수 중 거울수는 모두 몇 개입니까?

생각의 흐름

1 세 자리 수 중 가장 작은 거울수는 101입니다. 그 다음 작은 거울수를 구해 봅니다.

2 거울수는 일의 자리와 백의 자리 숫자가 같은 수입니다. 일의 자리와 백의 자리 숫자가 1일 때의 거울수의 개수를 구합니다.

3 일의 자리와 백의 자리 숫자가 2일 때의 거울수의 개수를 구합니다.

4 일의 자리와 백의 자리에 더 올 수 있는 숫자를 생각하여 나머지 거울수의 개수를 구한 다음, 모두 더합니다.

LECTURE 거울수

11, 33, 101, 323, 1221, 4554와 같이 가운데를 중심으로 앞뒤의 숫자를 바꾸어도 같은 수가 되는 수를 거울수 또는 대칭수라고 합니다.

① 한 자리 수는 거울수가 될 수 없습니다.

② 두 자리 수의 경우, 거울수는 11, 22, 33, …, 88, 99로 9개가 있습니다.

③ 세 자리 수의 경우, 거울수는 백의 자리 숫자와 일의 자리 숫자가 같고, 십의 자리에는 0~9의 숫자가 모두 올 수 있습니다.

백의 자리 숫자 → ⑤7⑤ ← 일의 자리 숫자

세 자리의 거울수의 개수는 십의 자리 숫자를 기준으로 생각하면 쉽게 구할 수 있습니다. 예를 들어,

십의 자리 숫자가 0일 때 거울수는

101, 202, 303, 404, 505, 606, 707, 808, 909

십의 자리 숫자가 1일 때 거울수는

111, 212, 313, 414, 515, 616, 717, 818, 919

⋮

이고, 십의 자리에는 0부터 9까지 올 수 있으므로 모두 $9 \times 10 = 90$(개)입니다.

세 자리의 거울수는 백의 자리 숫자와 일의 자리 숫자가 같은 수야.
백, 일의 자리에 9개의 숫자가 올 수 있고, 각각의 경우 십의 자리에 10개씩 숫자가 올 수 있으므로 모두 90개가 있지!

66, 202, 2772와 같이 바로 읽거나 거꾸로 읽어도 같은 수를 대칭수라고 합니다. 세 자리 수 중 대칭수를 작은 수부터 차례로 늘어놓을 때, 20째 번 대칭수는 무엇입니까?

가장 작은 세 자리의 대칭수는 101입니다.

44, 202, 515, 1331, 7227과 같이 바로 읽거나 거꾸로 읽어도 같은 수를 거울수라고 합니다. 네 자리의 거울수는 모두 몇 개입니까?

두 자리 수 1개로 네 자리의 거울수 1개를 만들 수 있습니다. 예를 들어, 12로는 1221, 37로는 3773을 만들 수 있습니다.

Creative 팩토

다음과 같이 1, 2, 3, ⋯, 99, 100의 수를 계속하여 써서 매우 큰 수를 만들었습니다. 이 수에 쓰인 숫자는 모두 몇 개입니까?

12345 ⋯ 9899100

KeyPoint

이 수의 숫자의 개수는 1에서 100까지의 수에 쓰인 숫자의 개수와 같습니다.

다음 조건을 만족하는 수는 모두 몇 개입니까?

- 일의 자리 숫자는 5입니다.
- 천의 자리 숫자가 7인 네 자리 수입니다.
- 백의 자리 숫자는 십의 자리 숫자보다 크고, 십의 자리 숫자는 일의 자리 숫자보다 큽니다.

KeyPoint

7□□5에서 셋째 번 조건에 맞는 수의 개수를 구합니다.

494와 같이 앞으로 읽거나 뒤로 읽어도 같은 수를 대칭수라고 합니다. 494보다 큰 대칭수 중에서 349와의 차가 가장 작은 수는 무엇입니까?

KeyPoint

세 자리의 대칭수는 백의 자리 숫자와 일의 자리 숫자가 같습니다.

1부터 200까지의 수를 쓸 때, 숫자 0은 모두 몇 번 써야 합니까?

KeyPoint

일의 자리 숫자가 0인 경우, 십의 자리 숫자가 0인 경우를 나누어서 생각합니다.

다음 조건을 만족하는 다섯 자리 수를 구하시오.

① 각 자리의 숫자들은 모두 다르고 5보다 작습니다.
② 이 수를 2로 나누면 나머지가 1입니다.
③ 백의 자리 숫자에 어떤 수를 곱하여도 0이 됩니다.
④ 천의 자리 숫자는 만의 자리 숫자보다 2만큼 큽니다.
⑤ 일의 자리 숫자는 십의 자리 숫자보다 2만큼 큽니다.

KeyPoint
조건 ②에서 홀수, 조건 ③에서 백의 자리 숫자는 0임을 알 수 있습니다.

15부터 20까지의 수를 쓰면 15, 16, 17, 18, 19, 20이라고 쓸 수 있으며, 모두 12개의 숫자를 쓴 것입니다. 50부터 1500까지의 수를 쓴다면 모두 몇 개의 숫자를 쓰게 됩니까?

KeyPoint
두 자리 수, 세 자리 수, 네 자리 수로 나누어 각각의 숫자의 개수를 찾습니다.

303이나 1991과 같이 가운데를 중심으로 앞뒤의 숫자를 바꾸어도 같은 수가 되는 수를 거울수라고 합니다. 거울수가 아닌 수에 다음과 같이 그 수를 거꾸로 읽은 수를 더하면 거울수가 됩니다.

$$142 \xrightarrow{\text{1단계}} 142+241=383$$

$$427 \xrightarrow{\text{1단계}} 427+724=1151 \xrightarrow{\text{2단계}} 1151+1511=2662$$

위에서 142는 1단계 거울수이고, 427은 2단계 거울수라고 합니다. 다음 수는 몇 단계 거울수인지 구하시오.

(1) 74

(2) 806

(3) 572

KeyPoint
거꾸로 읽은 수와 몇 번 더해야 거울수가 되는지 알아봅니다.

Thinking 팩토

다음 조건에 맞는 수 중 가장 큰 수를 구하시오.

① 일곱 자리 수입니다.
② 백만의 자리 숫자는 일의 자리 숫자의 3배입니다.
③ 0이 모두 4개 사용됩니다.

다음 숫자 카드를 두 번씩 사용하여 만들 수 있는 열 자리 수 중 가장 큰 수와 셋째 번으로 작은 수의 차는 얼마입니까?

0	1	2	4	6

1부터 100까지의 수를 다음과 같이 차례로 적을 때, 왼쪽에서 150째 번의 숫자는 무엇입니까?

123456789101112⋯979899100

재우와 상희가 말하고 있는 수를 구하시오.

재우: 다섯 자리 수이구나.
상희: 각 자리 숫자 중에 5는 하나도 없네.
재우: 만의 자리 숫자에 2를 더하면 천의 자리 숫자, 천의 자리 숫자에 2를 더하면 백의 자리 숫자, 백의 자리 숫자에 2를 더하면 십의 자리 숫자가 되는구나.
상희: 이 수는 10의 배수야.

고대 이집트 사람들은 다음과 같이 수를 나타내었습니다.

1 2 3 4 5 6 7 8 9 10 11 100 125

(1) 다음 이집트의 수는 얼마를 나타낸 것입니까?

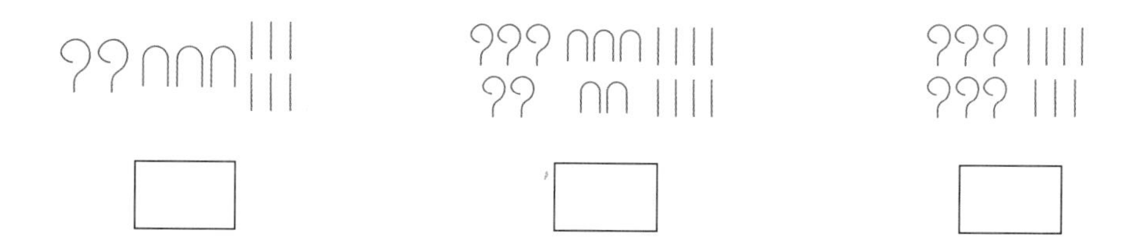

(2) 다음 수를 이집트의 수로 나타내시오.

87 196 434

(3) 다음 덧셈을 하여 그 결과를 이집트의 수로 나타내시오.

+ =

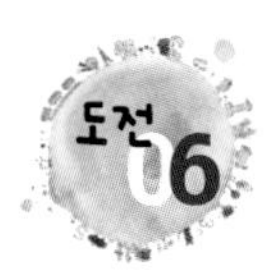

1부터 200까지의 수 중에서 짝수를 모두 쓸 때, 숫자는 몇 번 써야 합니까? (예를 들어, 124는 숫자를 3번, 68은 숫자를 2번 쓴 것입니다.)

55, 272, 515, 2332와 같은 수를 거울수라고 합니다. 세 자리의 거울수 중에서 각 자리 숫자의 합이 3의 배수인 거울수는 모두 몇 개입니까?

Memo

Ⅶ 논리추론

1. 홀수와 짝수의 성질

Free FACTO

지웅이는 고리가 들어간 막대에 쓰인 수만큼 점수를 얻는 고리던지기 게임을 하려고 합니다. 지웅이가 고리 5개를 던져서 모두 막대에 들어갔을 때, 얻을 수 있는 점수의 합은 어느 것입니까?

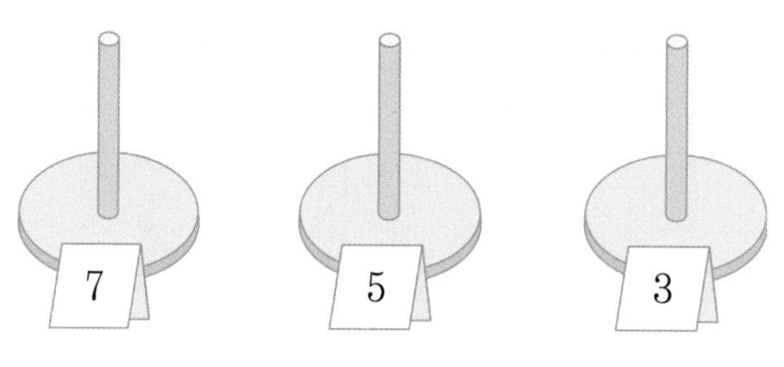

① 13점 ② 20점 ③ 26점 ④ 29점 ⑤ 39점

생각의 흐름

1 고리가 5개 들어갔을 때 가장 낮은 점수와 가장 높은 점수를 구하여 나올 수 없는 점수를 찾습니다.

2 고리에 쓰인 점수는 모두 홀수입니다. 홀수를 홀수 번 더할 때 계산 결과가 홀수인지 짝수인지 구하여 나올 수 없는 점수를 찾습니다.

LECTURE 홀수와 짝수의 성질

2, 4, 6, 8과 같이 2로 나누어떨어지는 수를 짝수, 1, 3, 5, 7, 9와 같이 짝수가 아닌 수를 홀수라고 합니다. 홀수와 짝수는 다음과 같은 성질을 가지고 있는데, 이 성질을 이용하면 복잡한 문제도 간단히 해결할 수 있습니다.

- (홀수)+(홀수)=(짝수) → $3+5=8$, $5+1=6$
- (홀수)+(짝수)=(홀수), (짝수)+(홀수)=(홀수) → $1+4=5$, $8+3=11$
- (짝수)+(짝수)=(짝수) → $2+4=6$, $6+8=14$
- (홀수)×(홀수)=(홀수) → $3\times5=15$, $7\times5=35$
- (홀수)×(짝수)=(짝수), (짝수)×(홀수)=(짝수) → $5\times2=10$, $8\times7=56$
- (짝수)×(짝수)=(짝수) → $4\times6=24$, $6\times8=48$
- (홀수)+(홀수)+⋯+(홀수)+(홀수)=(홀수) [홀수 개], (홀수)+(홀수)+⋯+(홀수)+(홀수)=(짝수) [짝수 개]

다음 13개의 수가 있습니다. 그중에서 5개의 수를 골라 더할 때, 그 합이 30이 되게 만들어 보시오. 만들 수 없다면 그 이유를 설명하시오.

주어진 수는 모두 홀수입니다.

1, 3, 5, 7, 9, 11, 13, 11, 9, 7, 5, 3, 1

다음 식의 ○ 안에 + 또는 −를 넣어 식이 성립하도록 만들어 보시오. 만약 만들 수 없다면 그 이유를 설명하시오.

(홀수)−(홀수)=(짝수), (홀수)−(짝수)=(홀수), (짝수)−(홀수)=(홀수), (짝수)−(짝수)=(짝수)입니다.

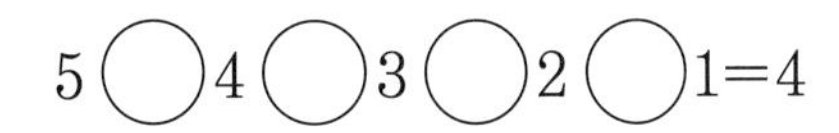

2. 한붓그리기

Free FACTO

오른쪽 그림은 어느 마을의 길을 나타낸 평면도입니다. 진호는 A 지점, 영수는 B 지점에 있는데, 두 사람이 동시에 출발하여 같은 빠르기로 걸어서 이 마을의 모든 길을 지나 C 지점에 도착하려고 합니다. 두 사람 모두 가장 빠른 방법으로 간다고 할 때, 누가 먼저 C 지점에 도착하겠습니까?

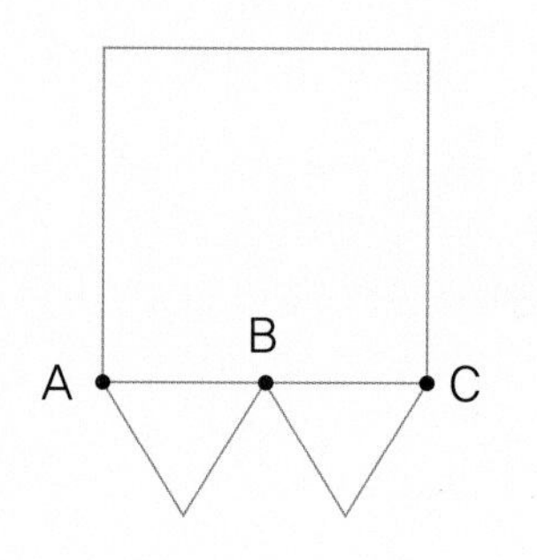

생각의 흐름

1 가장 빠른 방법으로 가려면 길을 중복되지 않게 지나면 됩니다. 먼저 주어진 그림이 한붓그리기가 되는지 홀수점의 개수를 구하여 알아봅니다.

2 어느 지점에서 시작하면 한붓그리기가 되는지 알아봅니다.

예제 01 다음 중 한붓그리기를 할 수 없는 도형은 어느 것입니까?

 연필을 떼지 않고 중복되지 않으면서 한 번에 그릴 수 있는 도형을 한붓그리기가 가능한 도형이라고 합니다.

① 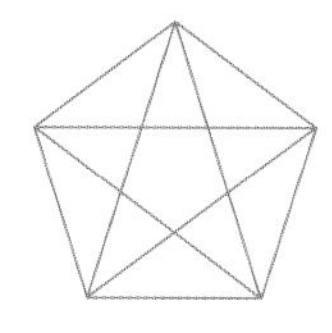

② 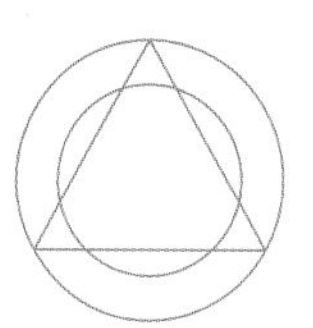

③ 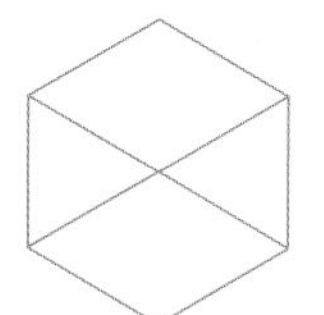

④ 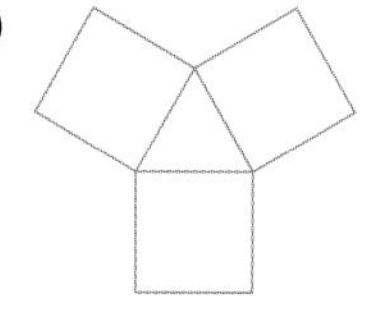

LECTURE 한붓그리기가 가능한 도형의 조건

어떤 도형이 있을 때, 그 도형의 한 점에서 출발하여 연필을 종이에서 떼지 않고 중복되지 않게 도형의 모든 선을 지나게 그리는 것을 한붓그리기라고 합니다.
도형에서 한 꼭짓점에 연결된 변의 개수가 홀수일 때 그 점을 홀수점, 짝수일 때 그 점을 짝수점이라고 합니다.
한붓그리기를 할 수 있는 도형을 가려내기 위해서는 홀수점의 개수를 알아야 합니다.

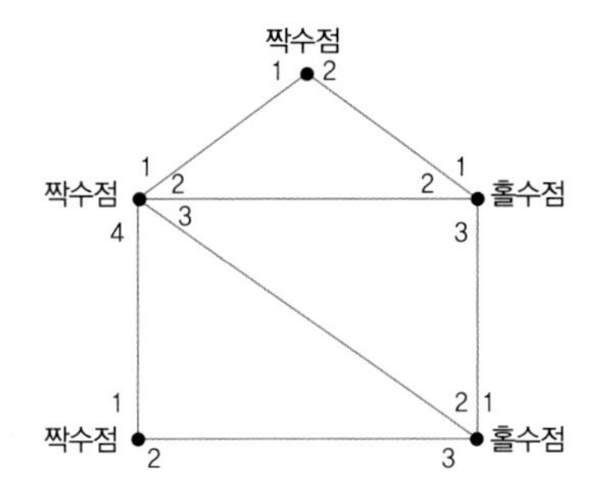

다음 그림과 같이 한붓그리기가 가능한 도형은 홀수점의 개수가 0개 또는 2개입니다.

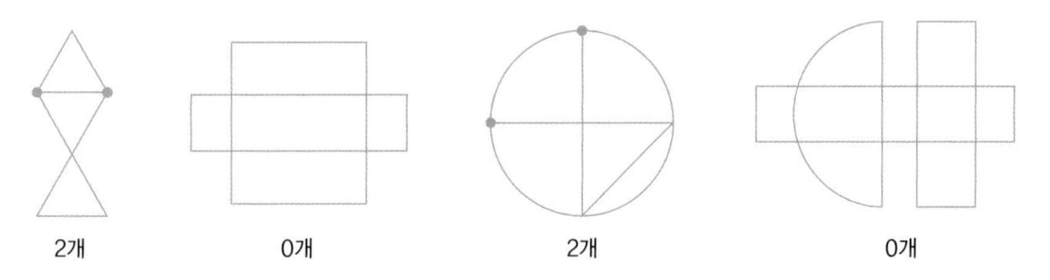

이때, 홀수점의 개수가 2개인 도형은 홀수점에서 시작해야만 한붓그리기가 가능합니다.

다음 그림과 같이 한붓그리기가 불가능한 도형은 홀수점의 개수가 2개보다 많습니다.

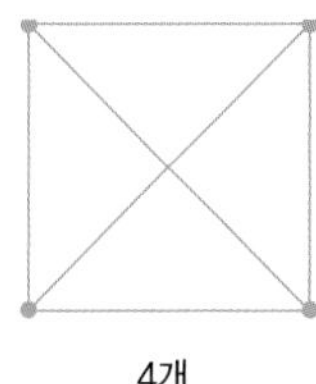

4개

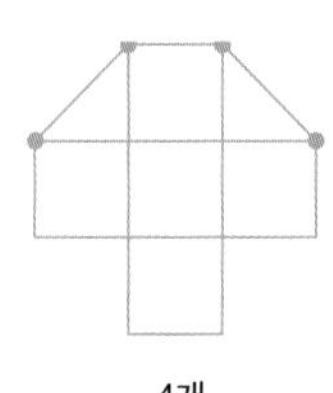

4개

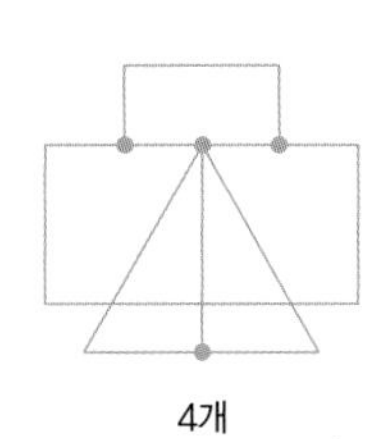

4개

주어진 도형에서 홀수점의 개수가 0개 또는 2개일 때 한붓그리기가 가능해. 이때, 홀수점의 개수가 2개인 도형은 홀수점에서 시작해야만 한붓그리기가 가능하다는 것을 명심해!

3. 연역표

Free FACTO

세라, 영진, 호철이의 직업은 각각 교사, 회계사, 회사원 중의 하나입니다. 호철이는 회사원보다 나이가 많고, 세라와 회계사는 나이가 같지 않으며, 회계사는 영진이보다 나이가 어립니다. 세라, 영진, 호철이의 직업은 각각 무엇입니까?

생각의 흐름

1 주어진 조건에 맞게 다음과 같이 표를 만들어 알아봅니다.

	세라	영진	호철
교사			
회계사	×	×	
회사원			×

2 세라와 영진이는 회계사가 아니므로 호철이는 회계사임을 알 수 있습니다. 호철이는 회사원보다 나이가 많고, 회계사인 호철이는 영진이보다 나이가 어리므로 영진이는 회사원이 아닙니다. 위의 표를 모두 채워 각자의 직업을 구합니다.

LECTURE 표를 그려서 연역적으로 추리하기

주어진 조건이나 사실만을 이용하여 논리적으로 문제가 되지 않게 어떤 사실을 추론하는 것을 연역적 추리라고 합니다.
연역적 추리를 할 때, 복잡한 경우에는 표를 그려서 사용하면 편리합니다.

영수, 진호, 민주 세 사람이 있는데 각각 빨간색, 노란색, 파란색 필통을 가지고 있다고 할 때, 영수는 노란색 필통을 가지고 있지 않고, 민주는 파란색 필통을 가지고 있지 않고, 진호는 빨간색 필통을 가지고 있다고 하면, 오른쪽과 같이 표로 나타낼 수 있습니다.

	영수	진호	민주
빨간색		○	
노란색	×		
파란색			×

주어진 조건으로 나머지 사실을 추론하면 세 사람이 가진 필통을 모두 찾아낼 수 있습니다.

	영수	진호	민주
빨간색	×	○	×
노란색	×	×	○
파란색	○	×	×

주어진 조건이나 사실만을 이용하여 논리적으로 모순되지 않게 어떤 사실을 추론하는 것을 연역적 추리라고 해.
연역적 추리는 표를 이용하면 편리한 경우가 많아!

정 씨, 김 씨, 박 씨가 사는 곳은 서울, 부산, 대전 중 하나이고 서로 사는 곳이 다릅니다. 다음 설명을 보고, 세 사람이 각각 어디에 사는지 구하시오.

김 씨, 박 씨, 정 씨 순서로 사는 곳을 알아봅니다.

- 김 씨는 부산에 가 본 적이 없습니다.
- 김 씨는 대전에 사는 사람보다 키가 큽니다.
- 박 씨가 사는 곳은 서울 또는 부산입니다.

하양이, 얼룩이, 까망이는 서로 다른 동물이며 고양이, 강아지, 송아지 중 하나입니다. 다음 중 하양이, 얼룩이, 까망이가 각각 어떤 동물인지 정확히 알 수 있는 경우를 모두 고르시오.

각각 표를 그려서 한 가지 경우만 있는지 확인합니다.

① 하양이는 고양이가 아니고, 까망이는 강아지입니다.
② 얼룩이는 송아지가 아니고, 까망이는 고양이가 아닙니다.
③ 하양이는 송아지이고, 까망이는 송아지가 아닙니다.
④ 얼룩이는 강아지이고, 하양이는 고양이입니다.
⑤ 하양이는 고양이가 아니고, 얼룩이는 강아지가 아니며, 까망이는 송아지가 아닙니다.

Creative 팩토

그림과 같은 과녁에 현우, 민지, 소영, 동훈 네 명이 다트를 10번씩 던져 각자의 점수의 합계를 이야기했습니다. 과녁을 빗나간 경우가 없다면, 점수를 잘못 계산한 사람은 누구입니까?

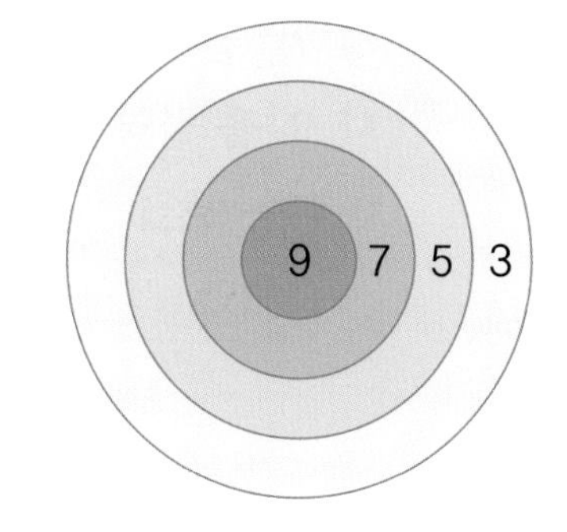

현우: 내 점수의 합계는 84점이야.
민지: 내 점수의 합계는 81점이야.
소영: 내 점수의 합계는 70점이야.
동훈: 내 점수의 합계는 78점이야.

KeyPoint
과녁의 점수는 모두 홀수입니다.

두 동전이 책상 위에 놓여 있는데, 모두 앞면입니다. 두 동전을 합하여 19번 뒤집었을 때, 두 동전은 서로 같은 면인지 다른 면인지 답하고 그렇게 생각한 이유를 설명하시오.

앞면

앞면

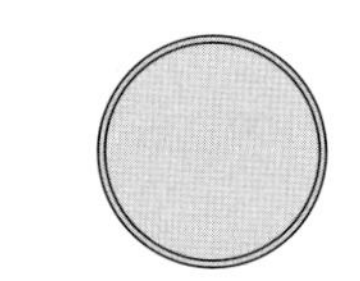

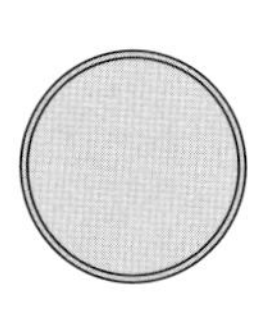

KeyPoint
앞면인 동전을 홀수 번 뒤집는 경우와 짝수 번 뒤집는 경우로 나누어 생각합니다.

다음은 어떤 도시의 평면도입니다. 한 경찰관이 이 도시의 어느 한 지점에서 순찰을 시작해서 모든 길을 한 번씩만 지난 다음에 다시 출발한 지점으로 돌아오는 계획을 세웠습니다. 하지만 이 계획은 실행되지 못했습니다. 그 이유를 설명해 보시오. (단, 그림에서 선은 길을 나타냅니다.)

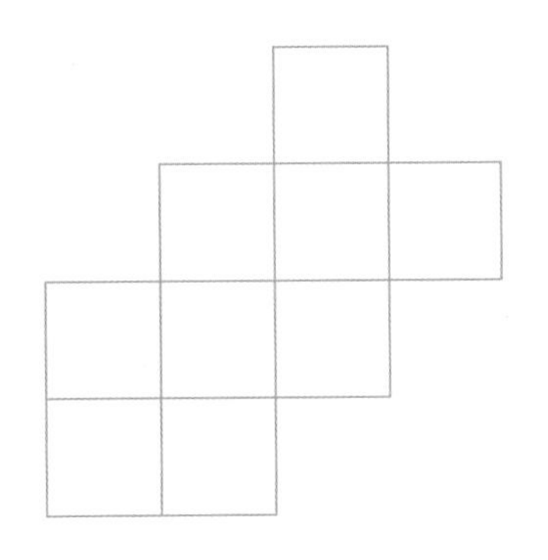

KeyPoint
홀수점의 개수를 알아봅니다.

A, B, C, D 네 학생이 달리기 시합을 하고 다음과 같이 말했습니다. A, B, C, D가 각각 몇 등인지 구하시오.

A: 나는 1등이 아니야.
B: 나는 2등 또는 3등이야.
C: 우리 중에서 등수가 같은 사람은 없어.
D: 나보다 늦게 들어온 사람은 1명뿐이야.

KeyPoint
D의 등수를 먼저 알아내어 그것을 이용합니다.

다음은 어느 전시실의 통로를 선으로 나타낸 것입니다. 모든 통로를 한 번씩 다 지나게 만들려고 합니다. 다음 물음에 답하시오.

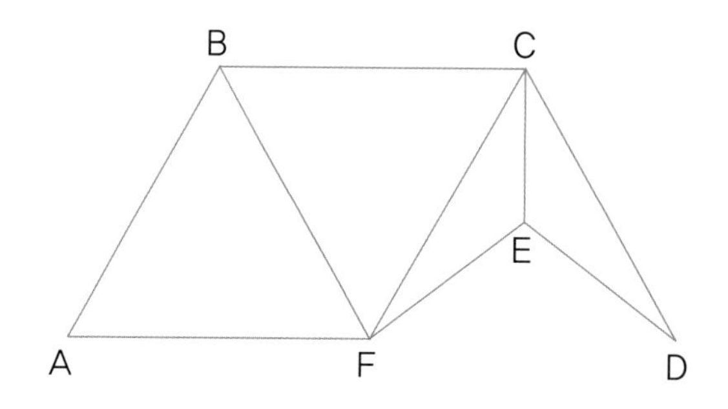

(1) 입구와 출구를 각각 어느 지점에 설치하여야 합니까?

(2) 입구에서부터 모든 통로를 한 번씩 다 지나서 출구로 가는 길을 나타내시오.
(A → B → F → …와 같이 나타냅니다.)

KeyPoint
홀수점에 해당하는 지점이 어디인지 생각합니다.

응용 6 세 쌍의 부부가 모여 있습니다. 이 중에서 동건, 홍철, 민수는 남자이고, 영애, 태희, 나영은 여자입니다. 다음 설명을 보고, 누가 누구와 부부인지 답하시오.

- 태희는 동건의 여동생입니다.
- 영애의 남편은 외아들이라서 형제 자매가 없습니다.
- 태희의 남편과 민수는 서로 친한 사이입니다.

	동건	홍철	민수
영애			
태희			
나영			

KeyPoint
위와 같이 표를 그려서 부부인 경우에는 ○, 아닌 경우에는 ×로 나타냅니다.

4. 배치하기

Free FACTO

여섯 명의 형제가 둥근 탁자에 둘러 앉아 있습니다. 다음 조건을 보고, 여섯째인 막내와 마주 보고 앉아 있는 사람을 구하시오.

① 셋째의 오른쪽에 한 사람을 사이에 두고 다섯째가 앉아 있습니다.
② 넷째는 첫째와 마주 보고 앉아 있습니다.
③ 첫째와 다섯째 사이에는 둘째가 앉아 있습니다.

생각의 흐름

1 조건 ①에 따라 셋째와 다섯째의 자리를 임의로 정합니다.

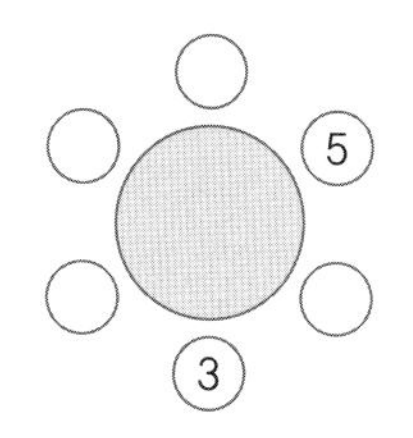

2 조건 ③에 따라 첫째와 둘째의 자리를 정합니다.

3 조건 ②에 따라 나머지 사람의 자리를 정합니다.

LECTURE 배치하기

위의 문제에서 조건 ①에 따라 다음 그림과 같이 셋째, 다섯째 자리를 임의로 정합니다.

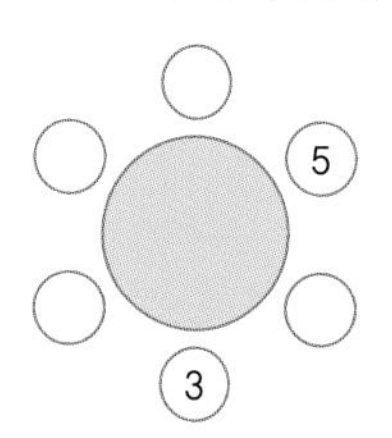

조건 ①의 가정 하에서 조건 ②를 보면 다음의 2가지 경우가 생깁니다.

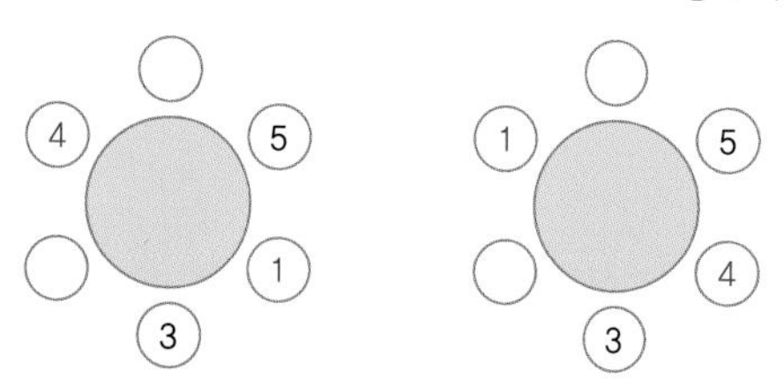

조건 ③에 의해서 위의 첫째 번 경우는 성립하지 않으므로 둘째 번 경우에 조건 ③에 맞게 둘째를 배치하면 여섯째인 막내 자리는 남은 자리가 됩니다.

A, B, C, D, E 5명이 둥근 탁자에 앉아서 식사를 하고 있습니다. 다음을 보고 A, B, C, D, E가 각각 어디에 앉아 있는지 나타내시오.

D와 E의 위치를 먼저 정합니다.

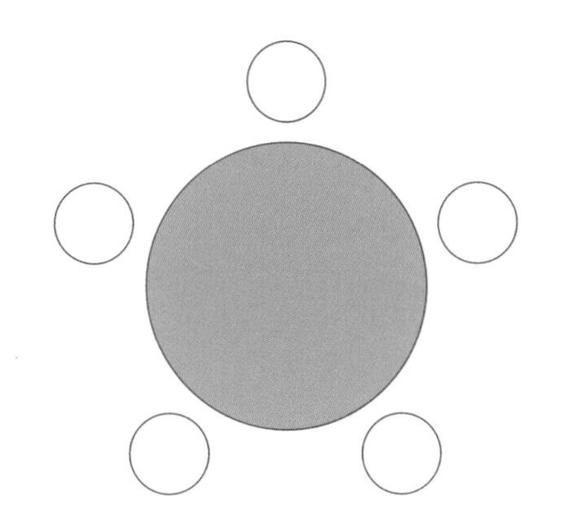

- B와 C는 붙어 있지 않습니다.
- D는 E의 오른쪽에 앉아 있습니다.
- A의 바로 왼쪽에 앉아 있는 사람은 B가 아닙니다.

길을 사이에 두고 서점, 편의점, 식당, 꽃집이 있습니다. 꽃집에서 식당으로 가려면 길을 건너야 하고, 편의점과 꽃집은 길을 사이에 두고 서로 마주 보고 있습니다. 서점의 위치가 다음과 같을 때, 편의점, 식당, 꽃집의 위치를 나타내시오.

꽃집과 식당, 꽃집과 편의점은 길을 사이에 두고 있으므로 식당과 편의점은 길의 같은 쪽에 있습니다.

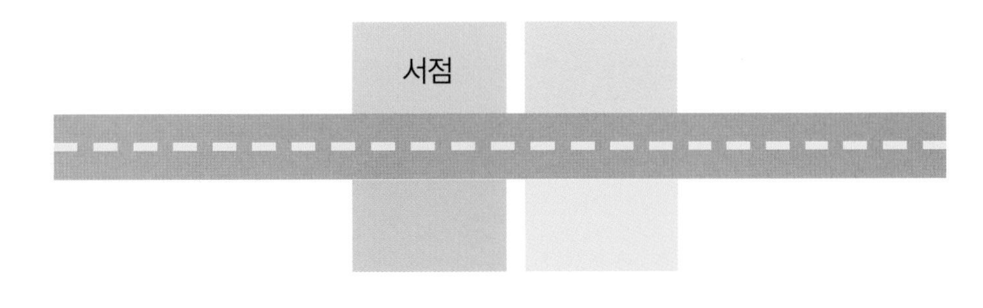

5. 가정하여 풀기

Free FACTO

미은, 지수, 성주 세 사람 가운데 한 사람만 불우이웃돕기에 참여했다고 합니다. 선생님께서 누가 불우이웃돕기에 참여했는지 세 사람에게 물었더니 다음과 같이 대답하였습니다.

> 미은: 저는 불우이웃돕기를 하지 않았어요.
> 성주도 불우이웃돕기를 하지 않았어요.
> 지수: 저는 불우이웃돕기를 하지 않았어요.
> 미은이도 불우이웃돕기를 하지 않았어요.
> 성주: 저는 불우이웃돕기를 하지 않았어요.
> 누가 했는지 몰라요.

선생님께서 다시 물어 보니 세 사람 모두 자신이 한 말 중 참말과 거짓말이 한 번씩 있다고 말하였습니다. 불우이웃돕기를 한 사람은 누구입니까?

생각의 흐름

1 미은이가 불우이웃돕기를 했다고 가정하여 각자의 두 가지 말이 참말인지 거짓말인지 알아봅니다.

	첫째 번	둘째 번
미은	거짓	참
지수	참	거짓
성주	참	모름

2 1과 같이 지수, 성주가 불우이웃돕기를 했다고 가정하여 각각 두 가지 말이 참말인지 거짓말인지 알아봅니다.

3 1과 2에서 논리적으로 문제가 없는 경우를 찾습니다.

일호, 이우, 삼식, 사손 네 형제가 공놀이를 하다가 한 사람이 유리창을 깼습니다. 어머니가 누가 유리창을 깼는지 물었더니 다음과 같이 말했습니다. 이 중 한 명이 거짓말을 했다면 유리창을 깬 사람은 누구입니까?

누가 깼는지에 따라 경우를 나누어 다음과 같이 따져 봅니다.

말한 사람 \ 깬 사람	일호	이우	삼식	사손
일호	거짓			
이우	거짓			
삼식	거짓			
사손	참			

일호: 제가 깨지 않았어요.
이우: 막내 사손이 깼어요.
삼식: 둘째 이우 형이 깼어요.
사손: 내가 깨지 않았어요.

LECTURE 가정하여 풀기

46쪽의 문제에서 미은이의 첫째 번 말이 참이라고 가정해 봅시다.
"저는 불우이웃돕기를 하지 않았어요."(참)
"성주도 불우이웃돕기를 하지 않았어요."(거짓)
즉, 불우이웃돕기를 한 사람은 성주가 됩니다.
그런데 불우이웃돕기를 한 사람이 성주가 되면 지수의 진술에서 두 가지 말이 모두 참이 됩니다.
"저는 불우이웃돕기를 하지 않았어요."(참)
"미은이도 불우이웃돕기를 하지 않았어요."(참)
즉, 한 가지는 참말이고, 한 가지는 거짓이라는 조건에 맞지 않게 됩니다.
따라서 미은이의 첫째 번 말이 참이라고 가정한 것이 잘못된 것이므로 미은이의 첫째 번 말이 거짓이라고 다시 가정하여 풀면 됩니다.

이와 같이 어떤 상황을 가정하여 논리적으로 맞지 않거나 조건에 맞지 않는 경우가 생기면 그 가정 자체가 틀렸다는 것을 이용하여 논리 문제를 해결할 수 있습니다.

논리 문제는 어떤 상황을 가정하여 논리적으로 맞지 않거나 조건에 맞지 않는 경우가 생기면 그 가정이 틀렸다는 것을 이용하여 문제를 해결할 수 있어!

6. 서랍에서 양말 꺼내기

Free FACTO

파란색, 흰색 양말이 각각 4짝씩 서랍 안에 있습니다. 서랍 안을 보지 않고 양말을 꺼낼 때, 적어도 몇 짝을 꺼내면 같은 색의 양말 한 켤레를 꺼낼 수 있습니까?

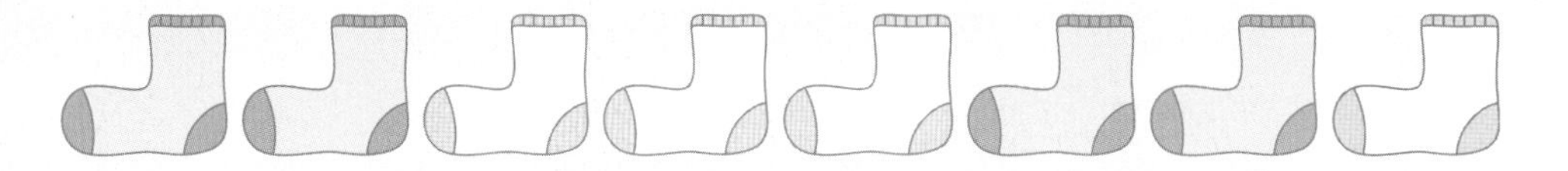

생각의 흐름

1 양말 2짝을 꺼낼 때 가장 운이 좋으면 같은 색의 양말 한 켤레를 꺼낼 수 있지만, 다른 색의 양말 2짝을 꺼낼 수도 있습니다.

2 양말을 3짝 꺼낼 경우를 생각해 봅니다.

LECTURE 같은 색 구슬 꺼내기

빨강, 파랑, 노랑 3가지 색깔의 구슬이 주머니에 각각 10개씩 있다고 할 때, 주머니 안을 보지 않고 같은 색깔의 구슬 2개를 뽑으려면 가장 운이 좋은 경우 구슬을 2개만 뽑아도 됩니다.
운이 좋지 않다면 구슬 3개를 뽑는다 하더라도 각각 다른 색깔의 구슬 하나씩을 뽑아 같은 색깔의 구슬 2개를 뽑을 수 없는 경우가 생깁니다.
구슬 4개를 뽑으면 어떤 경우라 하더라도 적어도 같은 색깔의 구슬 2개를 뽑을 수 있게 됩니다.
즉, 구슬 3개가 빨강, 파랑, 노랑 1개씩이고 마지막 1개가 빨강일 때, 빨강 구슬 2개를 뽑게 됩니다. 마지막 1개가 파랑, 노랑일 때에도 마찬가지입니다.

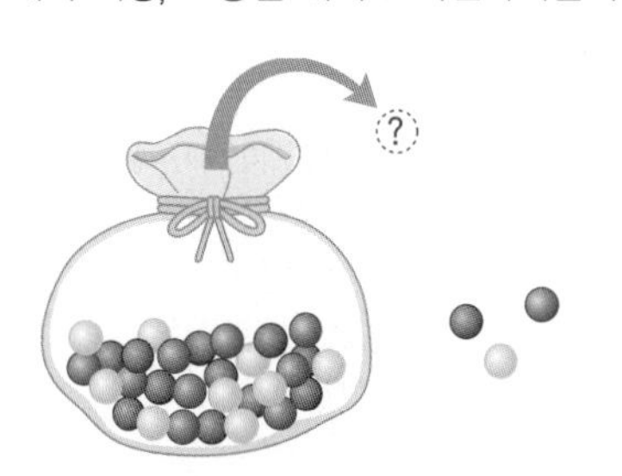

□가지의 종류가 있을 때 같은 종류 2개를 뽑으려면 적어도 (□+1)개를 뽑아야 해.
같은 종류 3개를 뽑을 때에는 적어도 (□×2+1)개를 뽑아야 되지!

상자 안에 4가지 색깔의 젓가락이 각각 50벌씩 있습니다. 같은 색의 젓가락을 1벌 꺼내기 위해서는 적어도 젓가락을 몇 짝 꺼내야 합니까?

가장 많이 뽑아야 하는 경우(가장 운이 나쁜 경우)를 알아봅니다.

어느 반에 13명의 학생이 있습니다. 이 반에 같은 달에 태어난 2명의 학생이 반드시 있는지 답하고, 그렇게 생각한 이유를 설명하시오.

13명의 학생의 생일이 모두 다른 달에 있을 수 있는지 생각합니다.

Creative 팩토

상자 속에 검은색, 파란색, 빨간색, 초록색 구슬이 3개씩 들어 있습니다. 네 가지 색깔의 구슬을 하나씩 가지려면 적어도 몇 개의 구슬을 꺼내야 합니까? (단, 구슬을 꺼낼 때 상자 속을 볼 수 없습니다.)

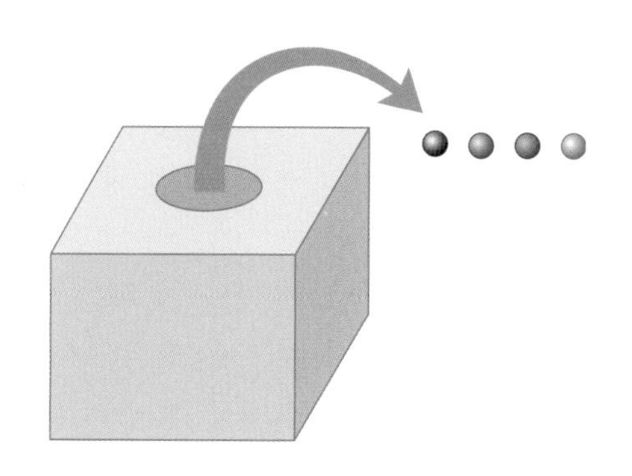

Key Point

가장 운이 나쁜 경우를 생각합니다.

수진, 민지, 정현, 창민, 상우 5명이 나란히 서서 사진을 찍었습니다. 다음을 보고, 가운데에 서서 사진을 찍은 사람이 누구인지 구하시오.

> 수진: 내 왼쪽에는 아무도 없네.
> 민지: 나와 창민이 사이에는 두 사람이 있어.
> 정현: 내 바로 오른쪽에 창민이가 있었구나.

Key Point

다음과 같이 5개의 칸을 그리고 그 안에 배치해 봅니다.

다음과 같은 6칸의 우리 안에 사슴, 염소, 호랑이, 사자, 곰, 고릴라가 들어 있습니다. 어느 우리에 어떤 동물이 들어 있는지 나타내시오.

① 사자와 곰의 우리는 서로 붙어 있습니다.
② 사슴과 호랑이의 우리는 가장 멀리 떨어져 있습니다.
③ 염소 우리는 사슴 우리의 남쪽에 붙어 있습니다.
④ 사자 우리는 고릴라 우리의 서쪽에 붙어 있습니다.

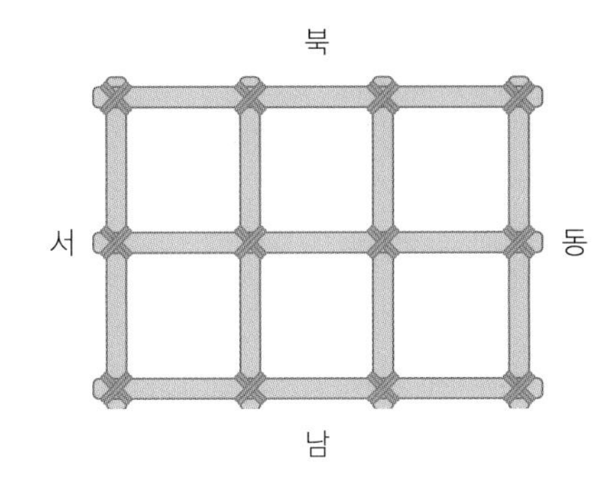

Key Point
②와 ③을 보고 알 수 있는 위치를 먼저 표시합니다.

서랍 안에 빨간색 손수건이 1개, 검은색 손수건이 3개, 노란색 손수건이 5개 들어 있습니다. 서랍의 위치가 높아서 안을 볼 수는 없지만, 손은 닿기 때문에 손수건을 꺼낼 수 있습니다. 적어도 몇 개의 손수건을 꺼내야 같은 색 손수건을 3개 꺼낼 수 있습니까?

Key Point
빨간색 손수건의 개수가 1개인 것에 주의합니다.

호식이와 민정이는 같은 반이고, 호식이네 반 학생들의 수는 30명보다 적습니다. 지금 호식이네 반 학생들이 한 줄로 나란히 서 있는데, 호식이의 왼쪽에는 13명의 학생이 있고, 민정이의 오른쪽에는 15명의 학생이 있으며, 호식이와 민정이 사이에는 3명의 학생이 있습니다. 호식이네 반 학생은 모두 몇 명입니까?

Key Point

호식이가 민정이의 어느 쪽에 있는지 생각해 봅니다.

4명의 학생 갑, 을, 병, 정이 웅변대회에 나갔습니다. 네 학생은 대회에 나가기 전에 다음과 같이 예상했습니다.

갑: 내가 우승할 것 같아.
을: 나는 우승하지 못할 것 같아.
병: 을이 우승할 것 같아.
정: 병은 우승하지 못할 것 같아.

결과를 보니 예상이 맞은 사람은 한 명뿐이었습니다. 우승한 사람은 누구입니까? (단, 우승자는 1명뿐입니다.)

Key Point

을의 우승에 대해 두 사람이 말하고 있습니다. 을이 우승한 경우와 아닌 경우를 각각 따져 봅니다.

세 갈래 길이 있는데 이 중에서 한 길만 안전한 길이고, 다른 두 길은 위험합니다. 다음 표지판에 쓰여져 있는 말 중에서 하나만 사실이라면 안전한 길은 어느 것입니까?

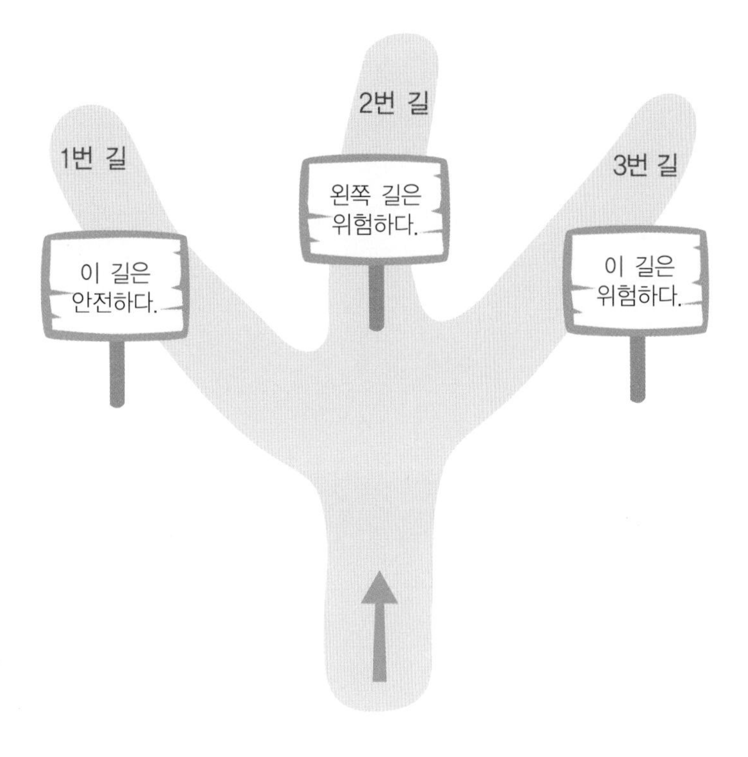

Key Point

안전한 길이 1번, 2번, 3번 길일 경우로 나누어 따져 봅니다.

Thinking 팩토

100에서 200까지의 수 중에서 짝수 전체의 합과 홀수 전체의 합의 차를 구하면 짝수입니까, 홀수입니까?

3에서 7까지의 다섯 개의 수가 있습니다. 이 수 중에서 두 개를 골라 곱을 구할 때, 구할 수 있는 곱을 모두 더하면 홀수입니까, 짝수입니까? 또, 그렇게 생각한 이유를 설명하시오.

다음 그림에서 점은 마을을 나타내고 선은 길을 나타냅니다. A 마을 주민들은 A 마을에서 출발하여 모든 길을 한 번씩만 지난 다음, 다시 A 마을로 돌아올 수 있기를 원합니다. 지금 상태로는 그것이 불가능하지만, 어느 두 마을 사이에 길을 새로 만들면 가능해진다고 합니다. 어느 두 마을 사이에 길을 새로 만들면 됩니까?

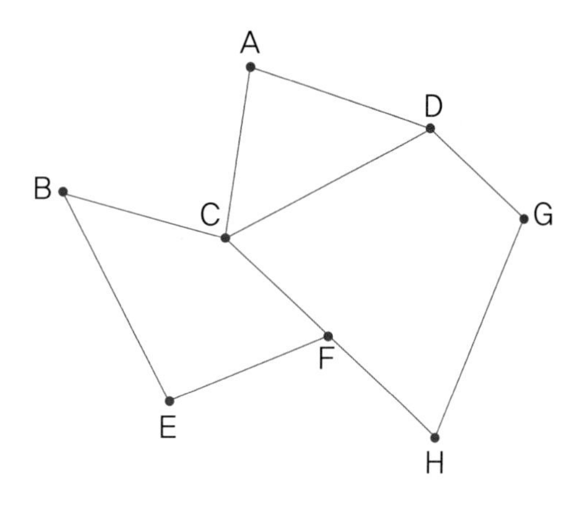

세 쌍의 부부가 모여서 식사를 하고 있습니다. 이 중에서 갑, 을, 병은 남자이고, A, B, C는 여자입니다. 다음을 보고 갑, 을, 병의 아내가 각각 누구인지 구하시오.

갑: 저는 여기에 있는 모든 사람들과 예전부터 친하게 지내는 사이였습니다.
을: 제 아내와 C의 남편은 오늘 처음 만났습니다.
B: 저도 오늘 A의 남편과 처음 만났습니다.

5문제가 출제되고, 한 문제당 20점이며, 부분 점수가 없는 시험이 있습니다. 시험 점수가 같은 학생이 반드시 있으려면 적어도 몇 명의 학생이 이 시험을 보아야 합니까?

4명의 선수가 달리기 시합을 했는데, 각각 등 번호가 1, 2, 3, 4번입니다. 경기가 끝난 후의 다음 인터뷰를 보고 1, 2, 3, 4번 선수가 각각 몇 등을 했는지 구하시오.

1번 선수: 등수가 같은 선수는 없습니다.
2번 선수: 4번 선수는 내 바로 뒤에 들어왔습니다.
3번 선수: 등 번호와 등수가 일치하는 선수는 하나도 없습니다.
4번 선수: 1등을 하지 못해서 유감입니다.

네 명의 육상 선수가 달리기 시합을 했습니다. 다음은 시합 전에 각 선수가 예측한 것입니다.

칼 : 나는 2등을 하고,
벤은 3등을 할 것 같아.
마이크 : 제시는 2등을 하고,
칼은 4등을 할 것 같아.
벤 : 내가 1등을 하고,
마이크가 2등을 할 것 같아.
제시 : 마이크는 4등을 하고,
나는 1등을 할 것 같아.

시합 결과 각 선수의 예측은 모두 반은 맞고 반은 틀렸다는 것이 판명되었습니다. 각 선수는 몇 등을 했는지 구하시오. (단, 등수가 같은 선수는 없습니다.)

Memo

VIII 공간감각

I LOVE FACTO ~

1. 조각 찾기

Free FACTO

다음 중 왼쪽 그림을 이루고 있는 조각이 아닌 것을 고르시오.

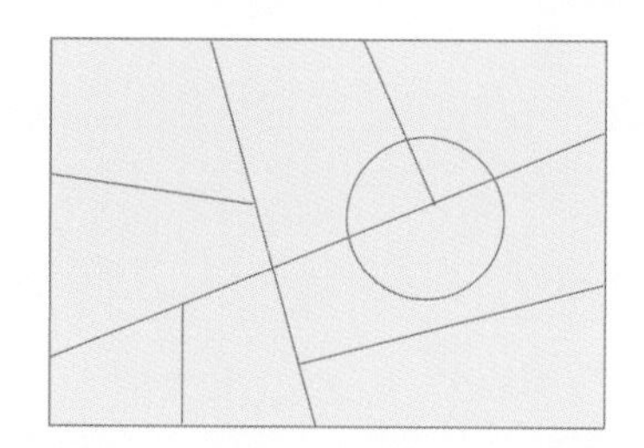

① 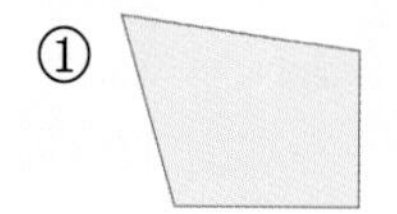

② 

③ 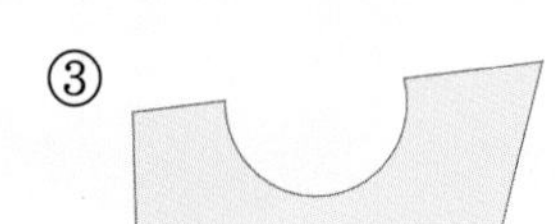

④ 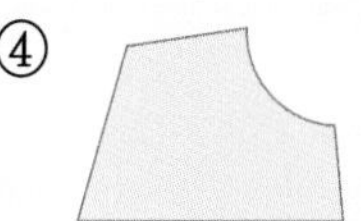

⑤ 

생각의 흐름

1 주어진 조각들을 그림에 맞추어 봅니다.

2 곡선이 있는지 없는지, 크기가 큰지 작은지 등을 살펴보면서 비교해 봅니다.

LECTURE 조각 찾기

직사각형의 그림이나 사진을 수십 개에서 수백 개의 작은 조각으로 나누어 다시 맞추는 직소퍼즐을 해 본 경험이 있을 것입니다. 직소퍼즐은 18세기 영국에서 나무판 위에 그려진 지도를 직소라는 도구를 사용하여 여러 조각으로 나누어 다시 이어 붙이기를 한 데서 유래되었습니다.

수학에서 이러한 퍼즐은 변의 길이, 도형의 모양, 각의 크기 등 공간감각을 키우는 좋은 도구로 사용되고 있습니다.

조각 찾기 문제를 빨리 해결하기 위해서는 조각의 크기, 색, 곡선이 있는지 등 조각의 특징적인 형태를 빠르게 파악하여야 합니다. 문제에 따라서는 조각이 뒤집어서 주어질 수도 있으므로 조각을 뒤집어서도 생각해 보아야 합니다.

이러한 문제는 공간감각을 알아보는 것으로 평소에 도형에 관심을 가지고, 조각퍼즐 맞추기를 많이 해 보는 것도 좋습니다.

다음 중 왼쪽 그림을 이루고 있는 조각이 아닌 것을 고르시오.

조각의 색, 크기 등의 특징을 살펴서 어느 조각인지 확인해 봅니다.

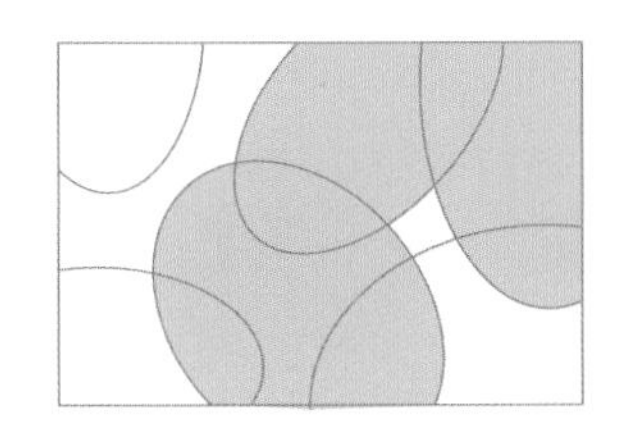

① 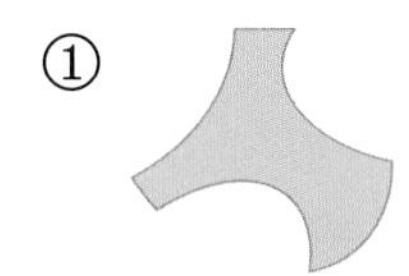

② 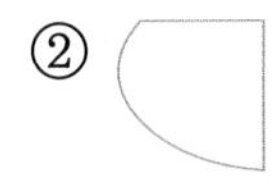

③ 

④ 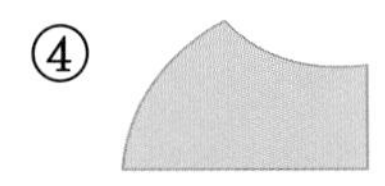

⑤ 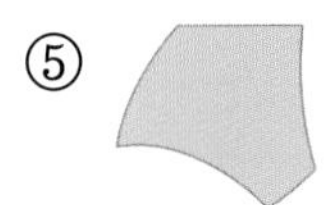

다음 중 왼쪽 그림을 이루고 있는 조각이 아닌 것은 어느 것입니까?

그림의 네 꼭짓점 부분에는 직각이 있습니다. 조각 중에서 직각이 있는 것을 먼저 확인해 봅니다.

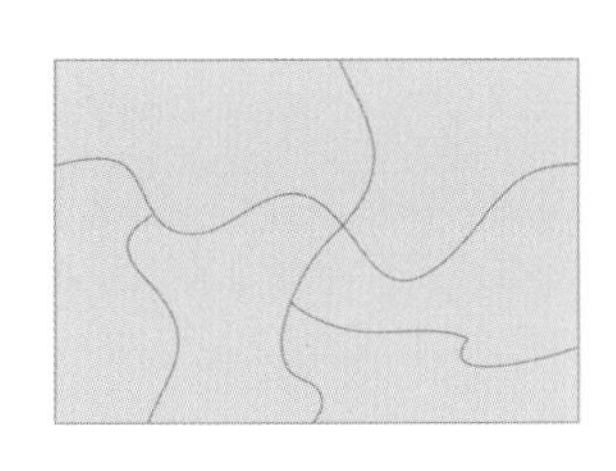

① 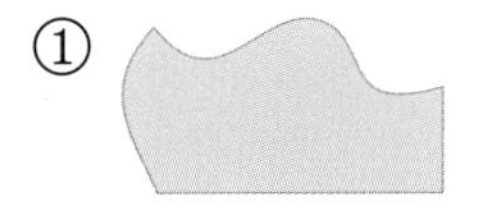

② 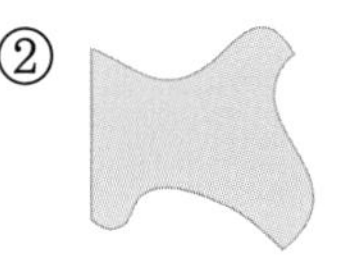

③ 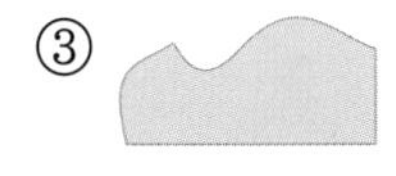

④ 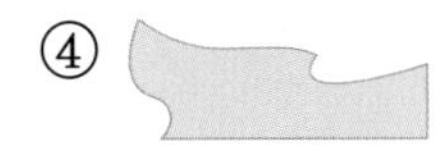

⑤ 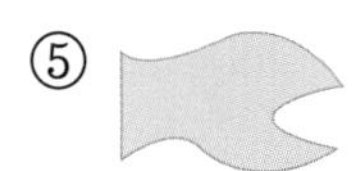

2. 도형 움직이기

Free FACTO

㈎는 글자 '하'를 뒤집거나 돌린 것입니다. ㈎와 같은 순서로 ㈏의 그림을 움직일 때, ㉠에 알맞은 그림을 그리시오.

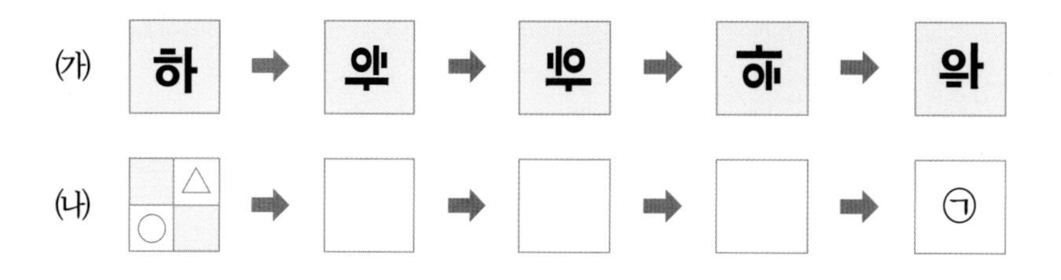

생각의 흐름 1 ㈎는 (그림) → (그림) → (그림) → (그림) 와 같은 순서로 움직였습니다.

2 ㈎의 순서에 맞게 차례로 움직여 보면서 ㉠에 알맞은 그림을 그립니다.

LECTURE 도형 움직이기

도형 움직이기에는 옮기기, 뒤집기, 돌리기가 있습니다.
도형 옮기기는 위치만 달라지고 크기와 모양은 변하지 않습니다.

도형 돌리기는 , 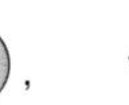, , (그림) 등이 있습니다.

오른쪽으로 반의반 바퀴, 오른쪽으로 반 바퀴, 왼쪽으로 반의반 바퀴, 오른쪽으로 한 바퀴

도형 옮기기와 돌리기는 모양이 변하지 않아서 도형이 그려진 평면을 옮기거나 돌려 보아 그 모양을 쉽게 찾을 수 있지만, 도형 뒤집기는 투명한 필름지에 글자를 쓰거나 도형을 그려서 실제로 뒤집어 보면 알 수 있습니다.
다음 그림은 숫자 4가 쓰인 카드를 여러 방향으로 뒤집은 모양입니다.

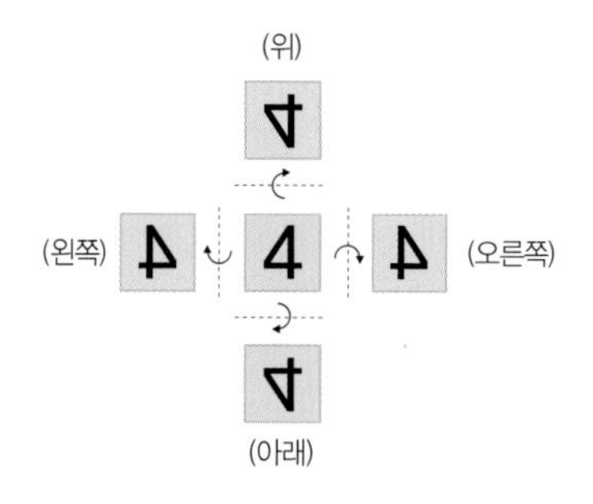

도형 움직이기에서 뒤집기는 실제로 여러 방향으로 뒤집어 봐.
원래 모양이 어떻게 바뀌는지 그 특징을 알아두면 나중에는 머릿속으로 뒤집어 그 모양을 쉽게 그릴 수 있게 돼!

그림과 같은 도형을 |보기|의 순서에 따라 움직였을 때 나오는 모양을 그리시오.

보기의 순서에 따라 돌리거나 뒤집은 모양을 그려서 마지막에 어떤 모양이 되는지 찾습니다.

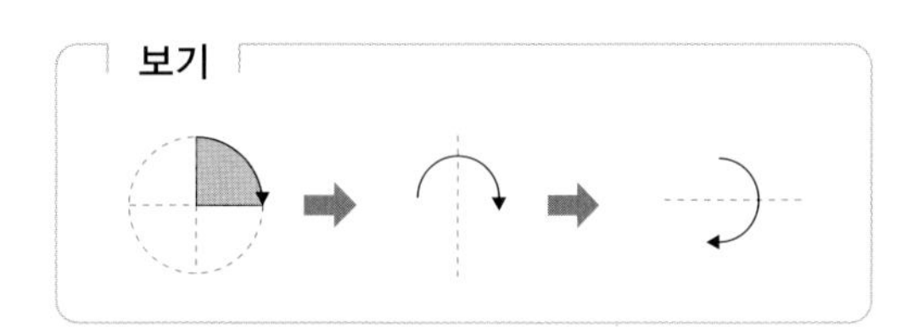

다음 디지털 숫자 중에서 위로 뒤집어도 숫자가 되고, 오른쪽으로 뒤집어도 숫자가 되는 것을 모두 고르시오.

3은 위로 뒤집으면 3이 되지만, 오른쪽으로 뒤집으면 Ɛ모양이 되므로 숫자가 되지 않습니다.

3. 같은 도형, 다른 도형 찾기

Free FACTO

다음은 쌓기나무 5개를 사용하여 만든 모양입니다. 다음 중에서 모양이 다른 하나를 찾으시오.

㉠ 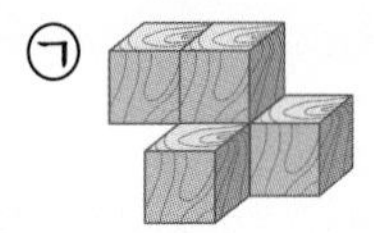
㉡ 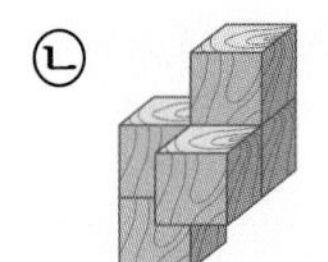
㉢ 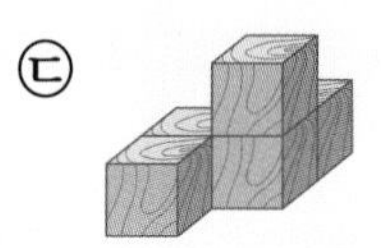

㉣ 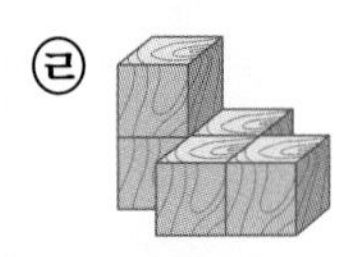
㉤ 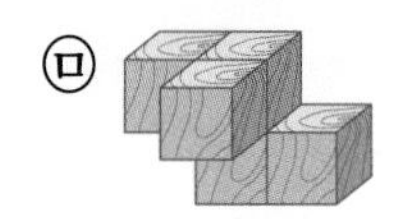
㉥ 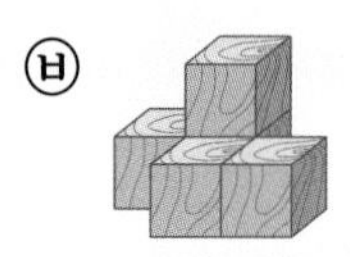

생각의 흐름

1 주어진 도형의 공통점을 찾아보면 모든 도형이 과 같은 모양을 가지고 있음을 알 수 있습니다.

모양에 나머지 1개의 쌓기나무를 붙인 위치를 찾아봅니다.

2 쌓기나무를 붙인 위치가 다른 하나를 찾습니다.

LECTURE 같은 도형, 다른 도형 찾기

주어진 모양들의 다른 점을 찾기 위해서는 먼저 모양의 특징을 파악하여 무엇이 같은지를 알아보아야 합니다.

무엇이 같은지를 알면 그것이 기준이 되어 다른 점을 찾기가 쉽습니다.

이와 같은 방법으로 같은 점과 다른 점을 찾아 나가는 것이 모양 전체를 관찰하는 것보다 쉬운 방법입니다.

위의 문제에서 공통되는 모양을 찾아 표시하면 다음과 같습니다.

㉠ 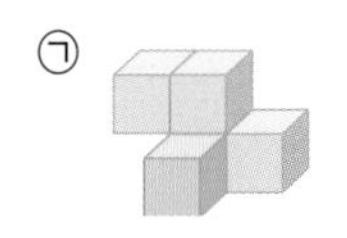
㉡ 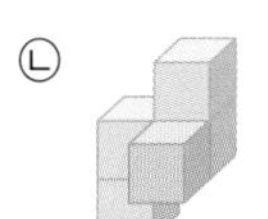
㉢ 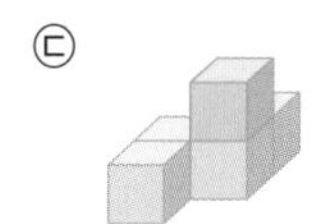

㉣ 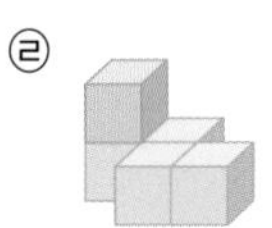
㉤ 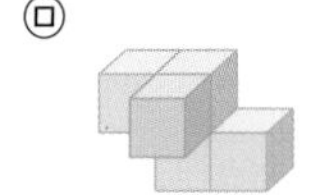
㉥ 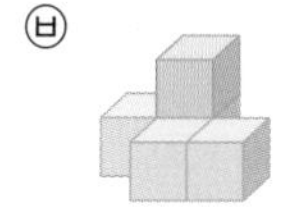

주어진 모양의 다른 점을 찾을 때에는 먼저 같은 점을 찾아 그것을 기준으로 하여 다른 점을 찾아보면 쉬울 거야!

4개의 쌓기나무로 만든 다음의 모양 중에서 돌리거나 뒤집어서 같은 모양이 될 수 없는 것을 찾으시오.

ⓒ ㉡과 ㉧을 돌리거나 뒤집어서 같은 모양이 될 수 있는지 알아봅니다.

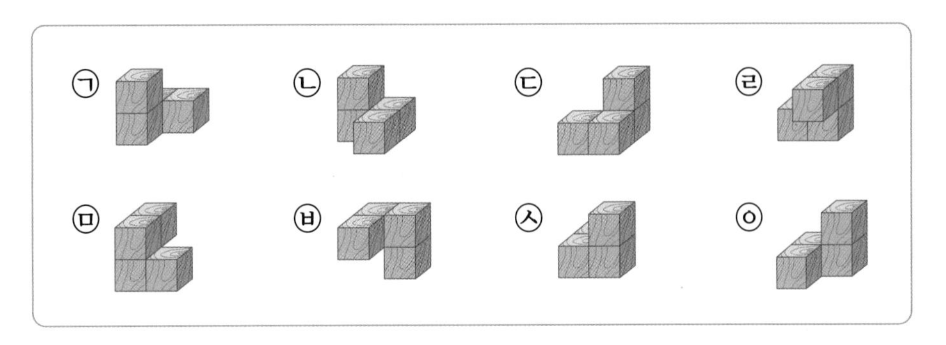

다음의 정사면체를 돌리거나 옮길 때, 나머지와 다른 하나를 고르시오.

ⓒ 꼭짓점 ㄹ을 중심으로 ㄱ, ㄴ, ㄷ이 회전하는 방향을 비교합니다.

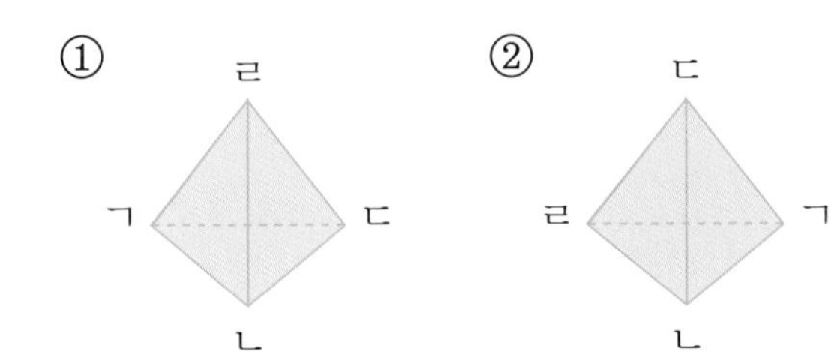

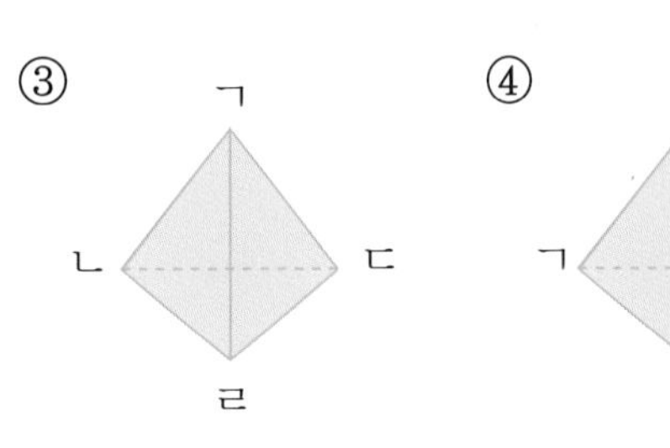

Creative 팩토

다음 중 왼쪽 그림을 구성하고 있는 도형이 아닌 것을 고르시오. (도형이 뒤집어져 있을 수도 있습니다.)

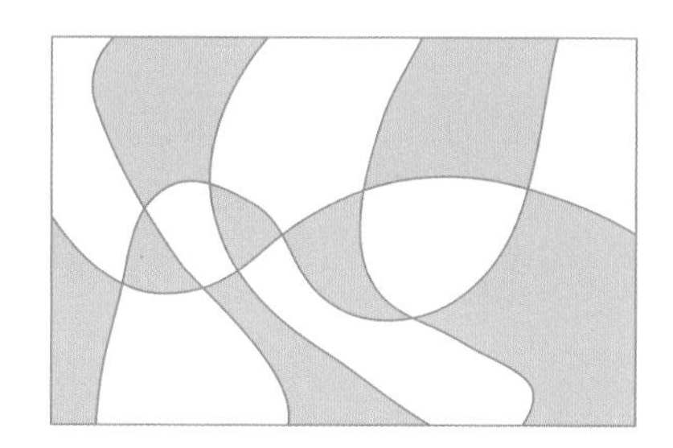

① 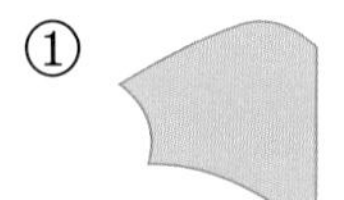
② 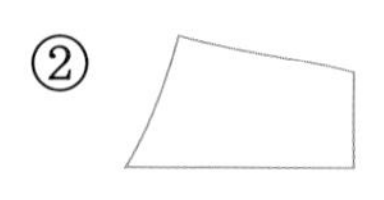
③ 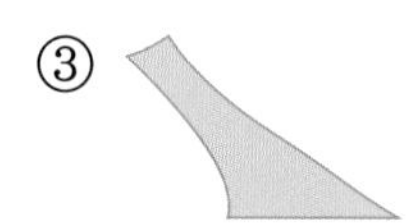

④ 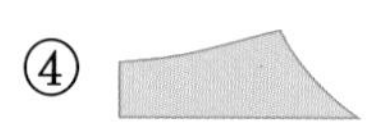
⑤ 
⑥ 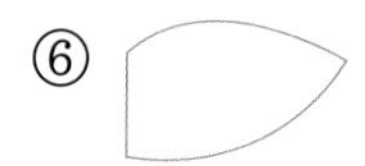

KeyPoint
색칠된 것과 색칠되지 않은 것을 나누어, 뒤집거나 돌려서 맞추어지는지 생각해 봅니다.

다음 중에서 |보기|의 그림을 돌리거나 뒤집어서 겹칠 수 없는 도형을 모두 고르시오.

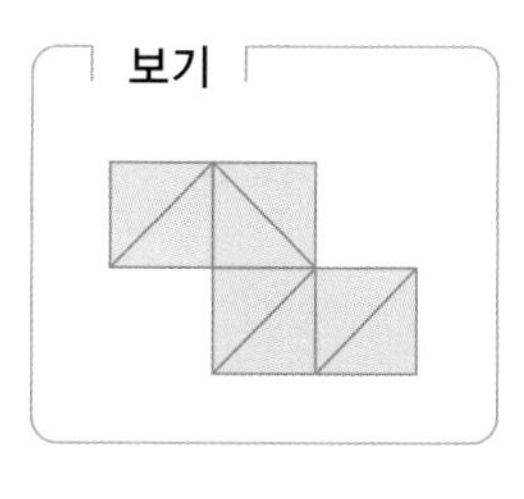

① 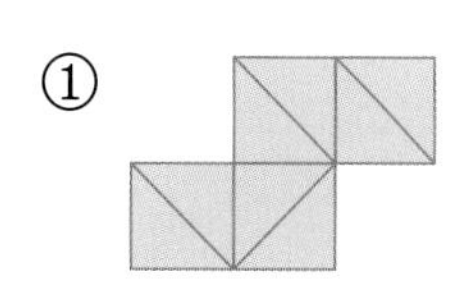
② 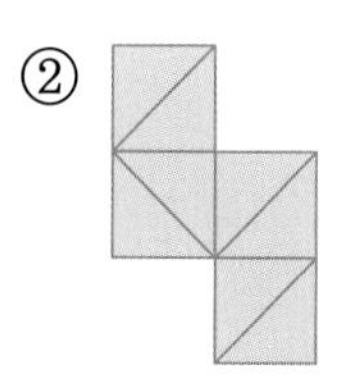
③ 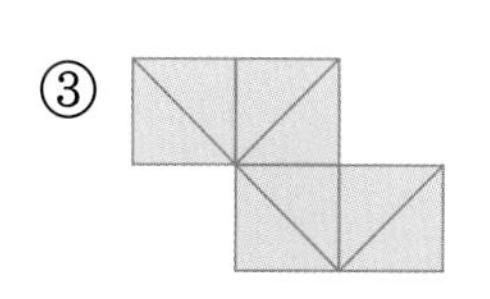

④ 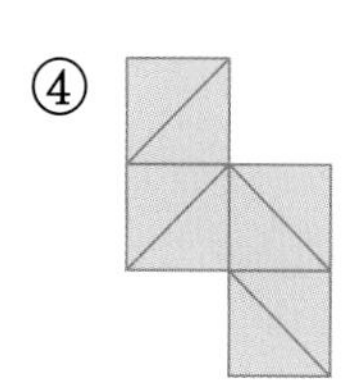
⑤ 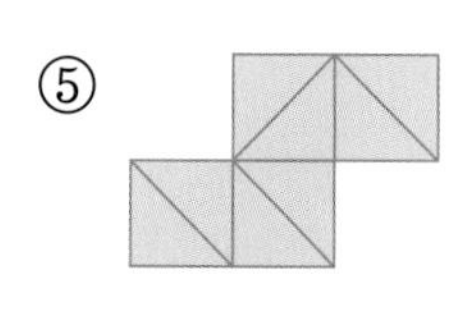

KeyPoint
각 정사각형 안에 있는 대각선의 방향을 찾습니다.

정사각형 4개가 색칠된 5×5 격자판을 시계 방향으로 90° 씩 계속 돌렸을 때, 정사각형이 지나간 칸을 모두 색칠하면 |보기|와 같습니다.

보기

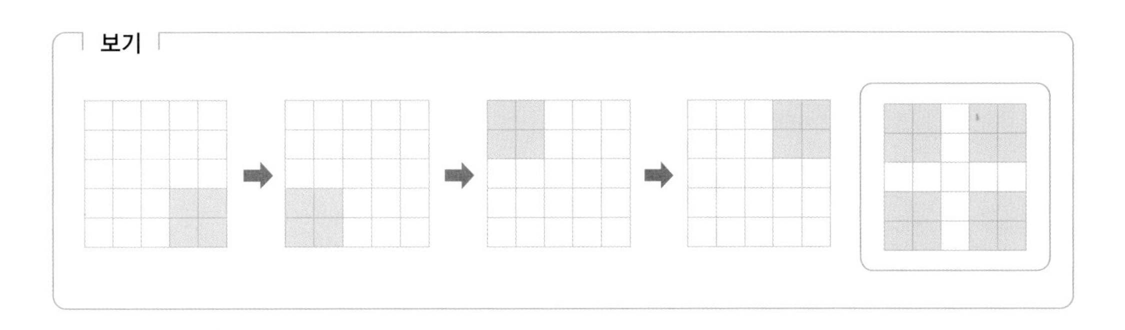

다음 그림을 |보기|와 같은 방법으로 돌려서 색칠된 정사각형이 지나간 자리를 모두 색칠하면 색칠되지 않은 칸은 몇 칸인지 구하시오.

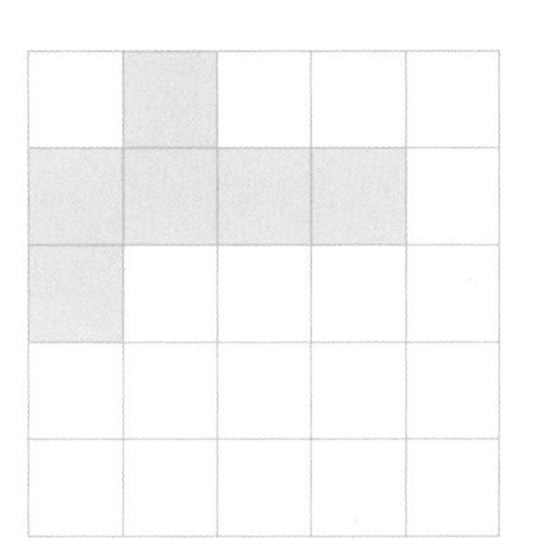

Key Point

시계 방향으로 90° 씩 회전했을 때, 색칠된 정사각형들이 어느 칸으로 가는지를 찾아 색칠해 봅니다.

다음 중 |보기|의 도형과 같은 도형을 모두 고르시오.

보기

① 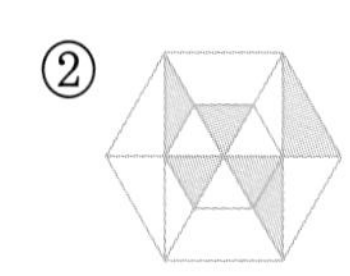
② 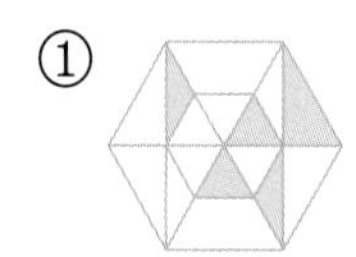
③ 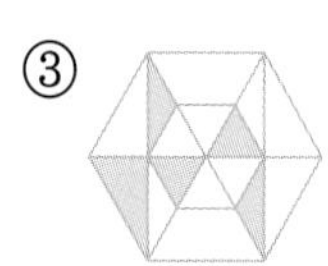
④ 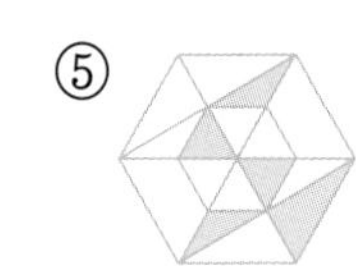
⑤ 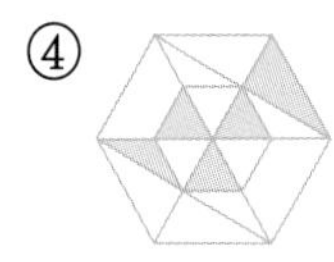
⑥ 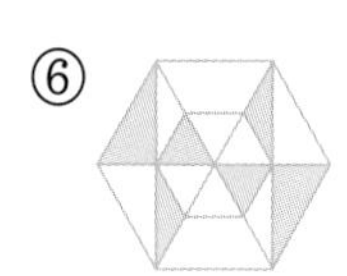

KeyPoint
색칠된 부분의 모양과 위치를 잘 생각해 봅니다.

우리나라 지도를 구성하고 있는 모양이 아닌 것을 고르시오.

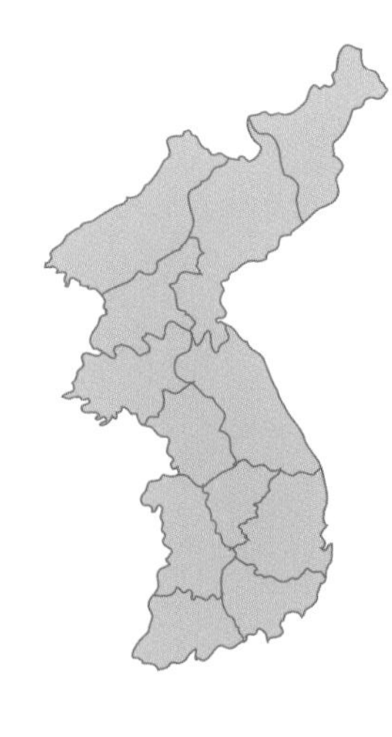

① 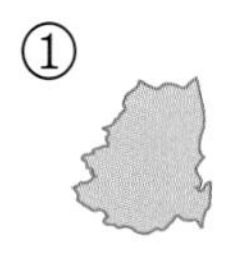
② 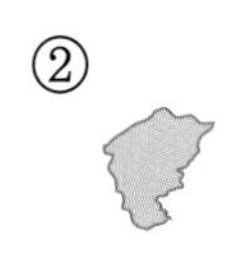
③ 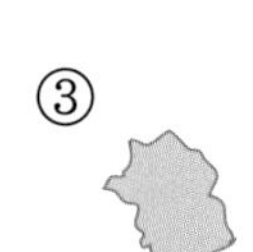
④ 
⑤ 
⑥ 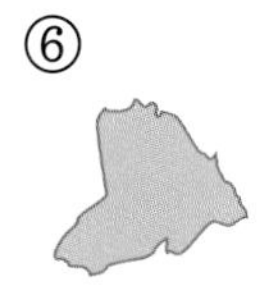
⑦ 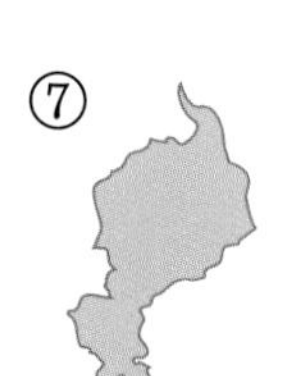
⑧ 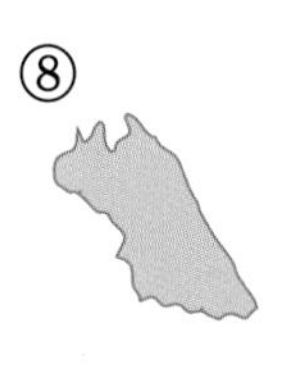

KeyPoint
각 모양의 특징적인 형태를 파악합니다.

응용 6 다음과 같은 그림을 9조각으로 나누었습니다. 빈칸에 들어갈 조각의 번호를 써넣으시오.

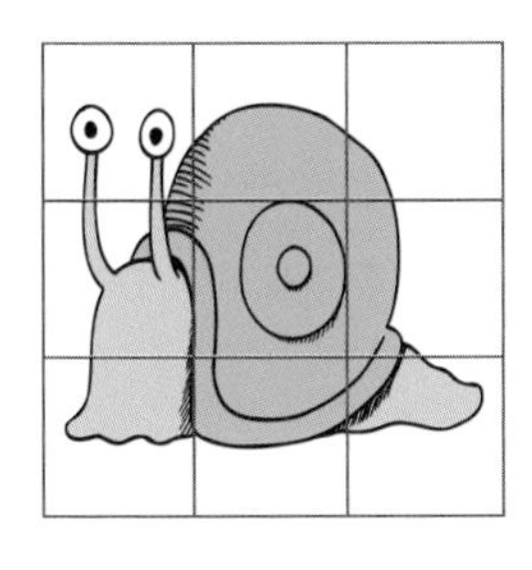

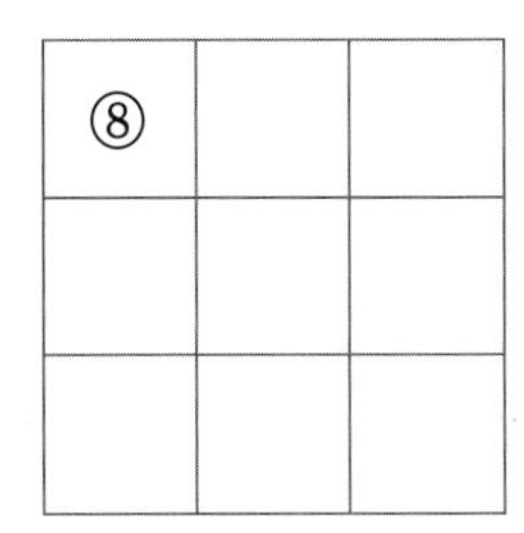

① 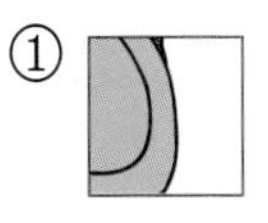 ② 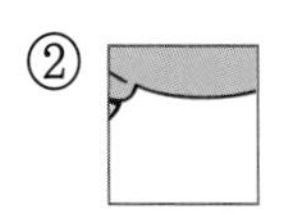 ③ 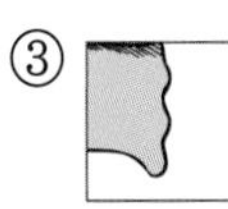

④ 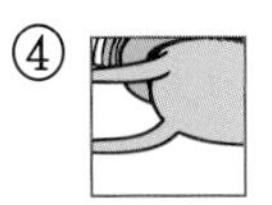 ⑤ 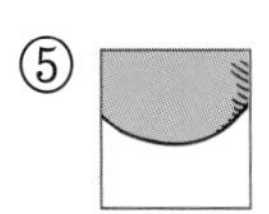 ⑥ 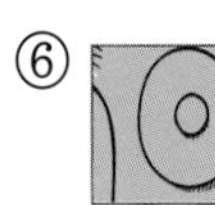

⑦ 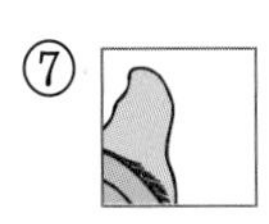 ⑧ 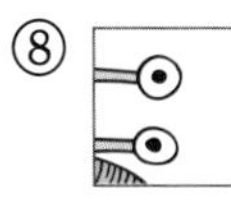 ⑨ 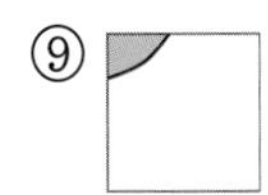

KeyPoint

주어진 그림은 9조각을 여러 방향으로 회전한 것입니다.

응용 7 다음은 어떤 모양을 돌리거나 뒤집어서 만든 모양입니다. 이 중 다른 하나를 찾으시오.

① 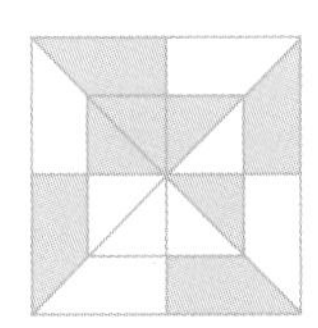 ② 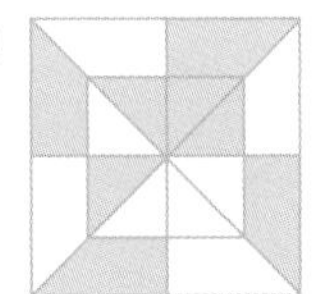 ③ 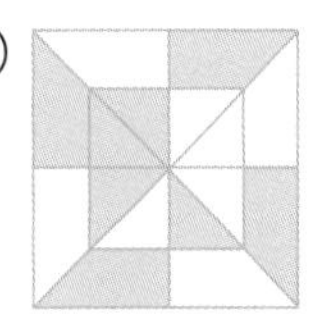

④ 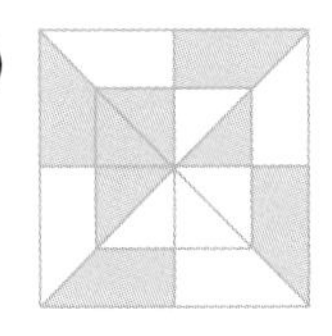 ⑤ 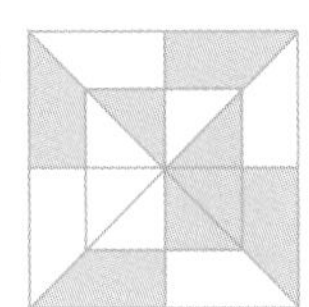 ⑥ 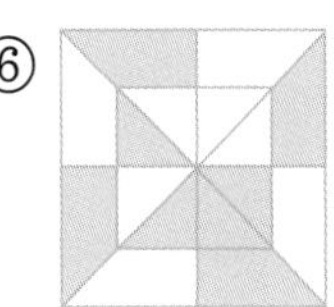

4. 색종이 겹치기

Free FACTO

오른쪽 그림과 같이 크기가 같은 정사각형 모양의 색종이 7장을 겹쳐 놓았습니다. 가장 아래에 놓여 있는 색종이는 어느 것입니까?

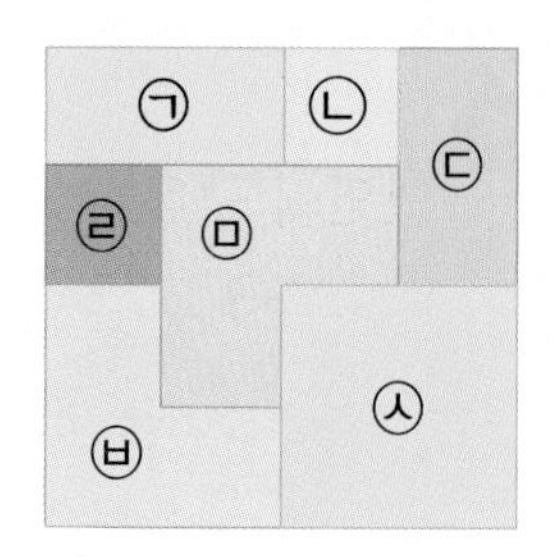

생각의 흐름

1 가장 위에 있는 색종이를 찾습니다.

2 가장 위에 놓인 색종이를 빼면 오른쪽 그림과 같습니다. 같은 방법으로 위에 있는 색종이를 한 장씩 빼고 그 색종이를 뺀 그림을 생각하면서 가장 아래에 놓인 색종이를 찾습니다.

LECTURE 색종이 겹치기

겹쳐진 색종이 문제는 가장 위에 있는 색종이부터 차례로 하나씩 뺀 모양을 머릿속에 그리면서 해결해 봅니다.

예를 들어, 색종이가 다음과 같이 겹쳐져 있을 때, 위에 있는 색종이부터 하나씩 빼면 다음과 같습니다.

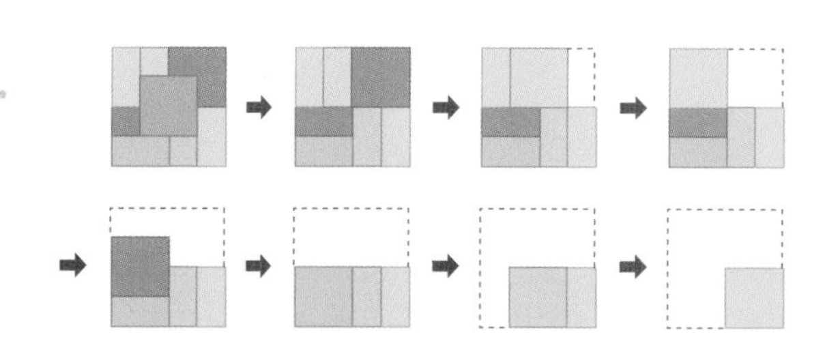

겹쳐진 색종이의 가장 아래에 놓여 있는 색종이를 찾을 때에는 가장 위에 있는 색종이부터 차례로 하나씩 뺀 모양을 머릿속에 그려 보면 쉽게 찾을 수 있어!

크기가 같은 정사각형 모양의 색종이 8장을 그림과 같이 겹쳐 놓았습니다. 가장 위에 있는 색종이부터 하나씩 뺀 모양을 차례로 그려 보고, 가장 아래에 놓인 색종이는 몇 번인지 구하시오.

가장 위에 있는 색종이부터 한 장씩 빼어 보면서 생각해 봅니다.

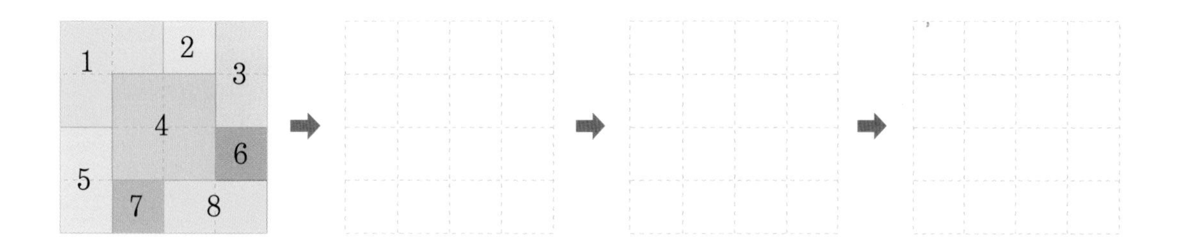

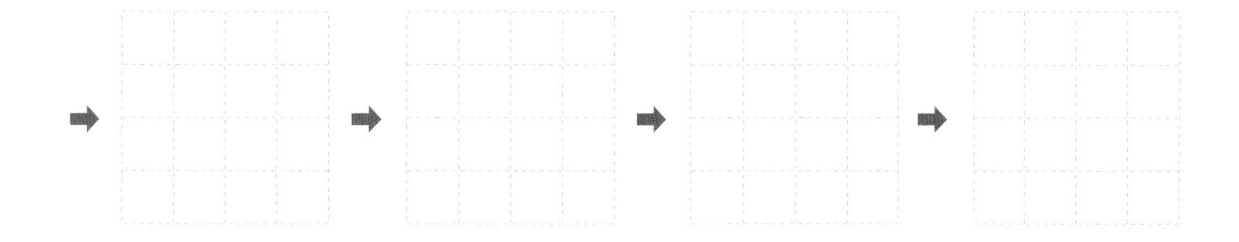

5. 색종이 접기

Free FACTO

다음은 직사각형 모양의 종이를 한 번만 접어서 만든 모양입니다.

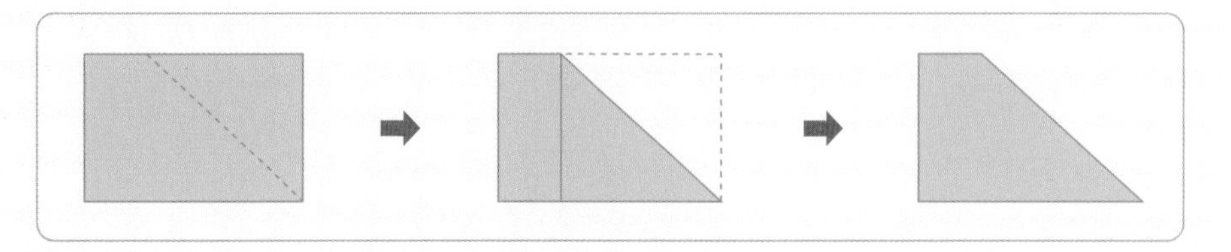

위의 직사각형 모양의 종이를 다른 방법으로 한 번만 접어서 만들 수 없는 모양을 고르시오.

①
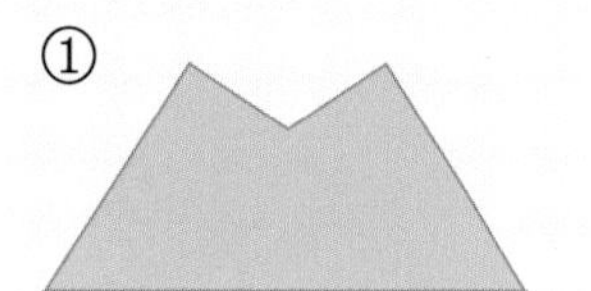

②
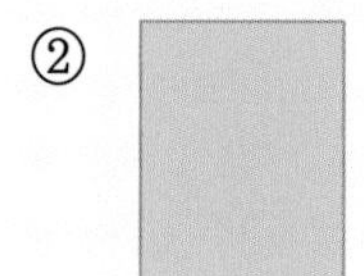

③

④
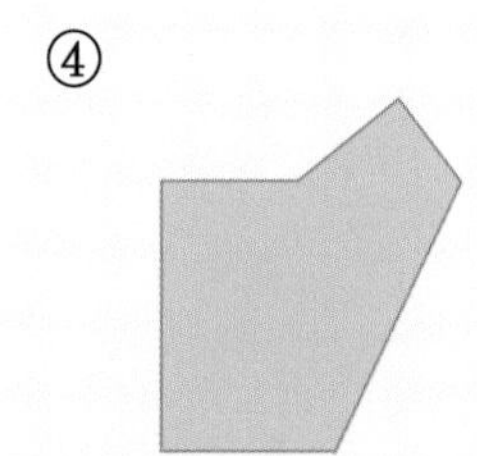

⑤
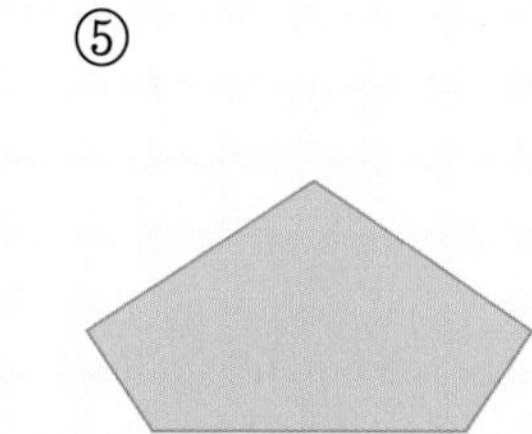

⑥
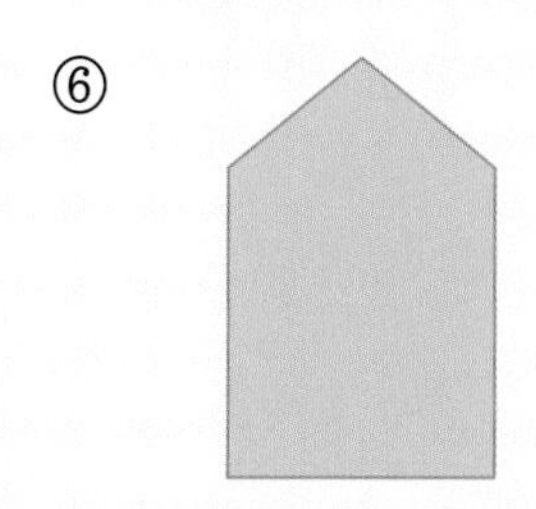

생각의 흐름 

1 주어진 모양을 포함한 직사각형을 그림과 같이 그립니다.

① 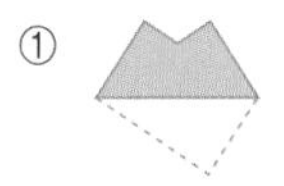 ② 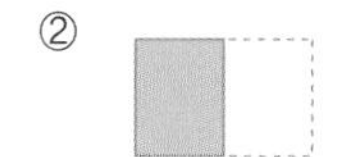 …

2 그림과 같이 접힌 모양을 그리고, 한 번 접어서 만들 수 있는지 알아봅니다.

① 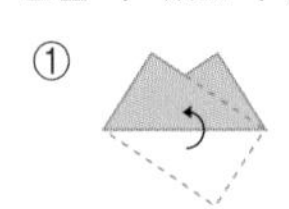 ② 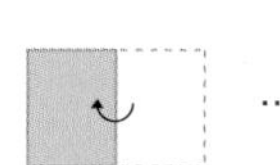 …

다음 중 정삼각형 모양의 색종이를 한 번 접어서 만들 수 있는 모양을 모두 고르시오.

➲ 주어진 모양을 포함한 정삼각형을 그려 봅니다.

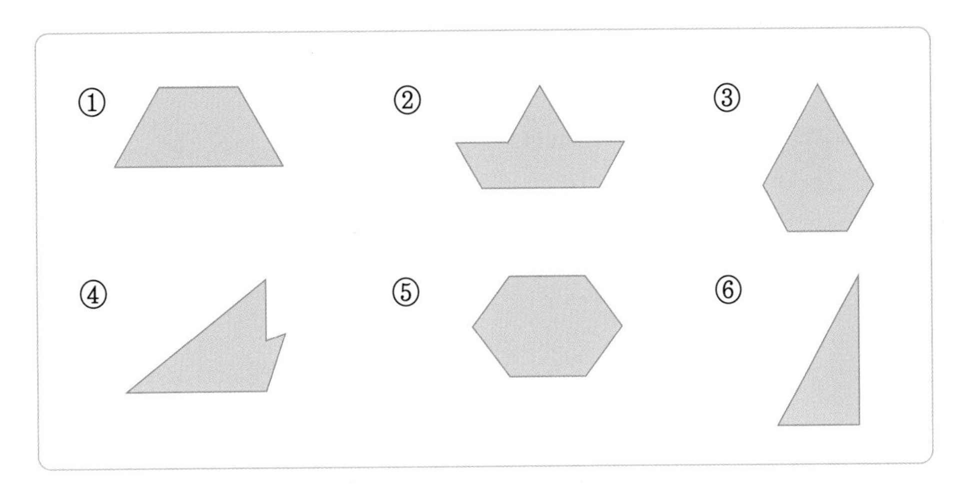

LECTURE 색종이 접기

종이를 한 번 접어서 만들 수 있는 모양은 원래의 모양을 접어서 만든 모양에 겹쳐서 그려 보면 찾을 수 있습니다.
접어서 만든 모양은 접혀진 종이의 외곽선이므로 밖으로 더 많이 나온 모양에 의해 결정되기 때문입니다. 단, 한 번 접어서 만든 모양이 원래 모양의 넓이의 절반보다 작을 수는 없습니다.
종이를 직접 잘라서 여러 가지 방법으로 접어 보고, 모양을 직접 확인해 봅니다.

원래의 모양을 접어서 만든 모양에 겹쳐서 그려 보면 한 번 접어서 만들 수 있는 모양을 찾기 쉽지!

6. 접어서 자른 모양

Free FACTO

그림과 같이 정사각형 모양의 종이를 접어서 구멍을 낸 후 다시 펼칩니다. 펼쳐진 모양을 완성하시오.

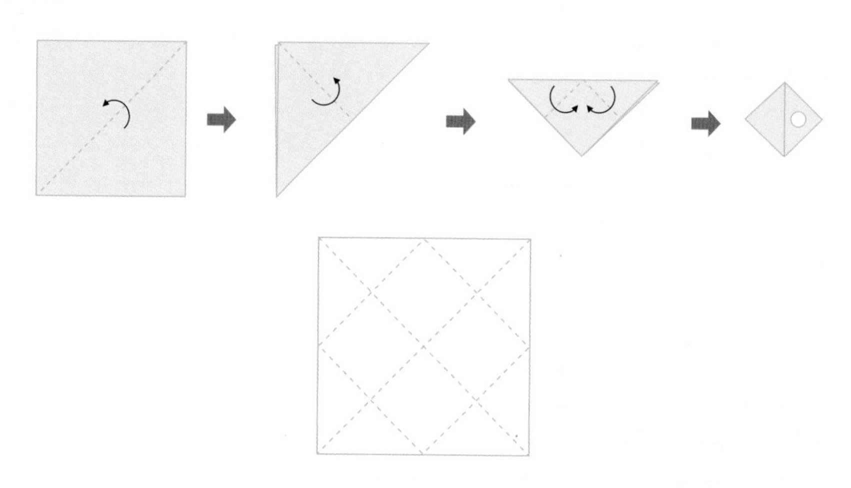

생각의 흐름

1 접은 종이를 한 번 펼치면 구멍의 위치는 그림과 같습니다.

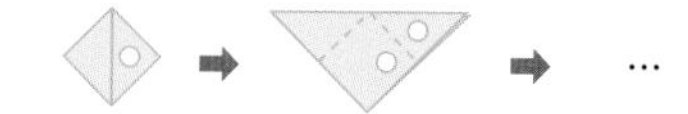

이와 같이 한 번씩 차례로 펼치면서 구멍의 위치를 표시해 나갑니다.

2 접은 순서와 반대로 모두 펼쳤을 때의 모양을 완성합니다.

LECTURE 접어서 자른 모양

접어서 자르거나 구멍을 뚫은 후 펼친 모양은 접은 순서와 반대로 펼친 모양을 생각하여 그려 나가면 됩니다. 다음과 같이 접어서 구멍을 낸 후 다시 펼친 모양을 생각해 봅시다.

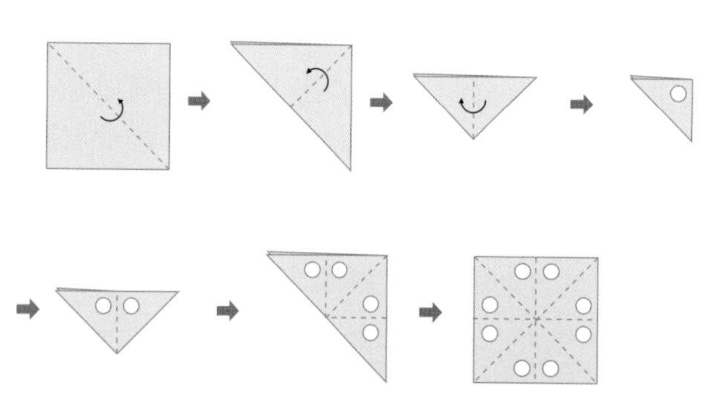

정사각형 모양의 종이를 그림과 같이 접어서 색칠된 부분을 잘라 낸 후, 펼친 그림을 모눈종이에 그리시오.

한 번씩 펼쳤을 때 잘려 나간 부분을 표시해 봅니다.

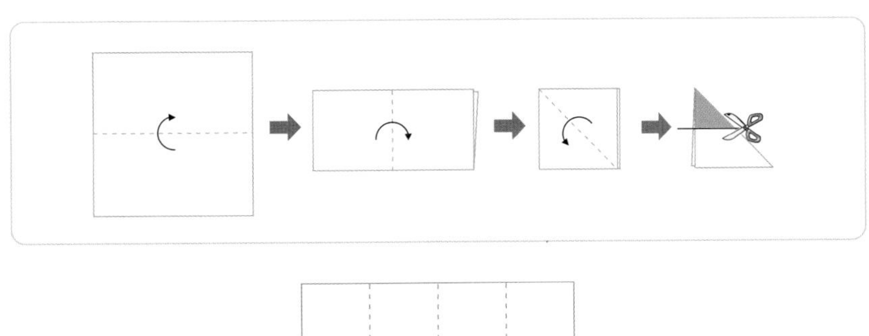

정사각형 모양의 색종이를 다음과 같이 3번 접었습니다.

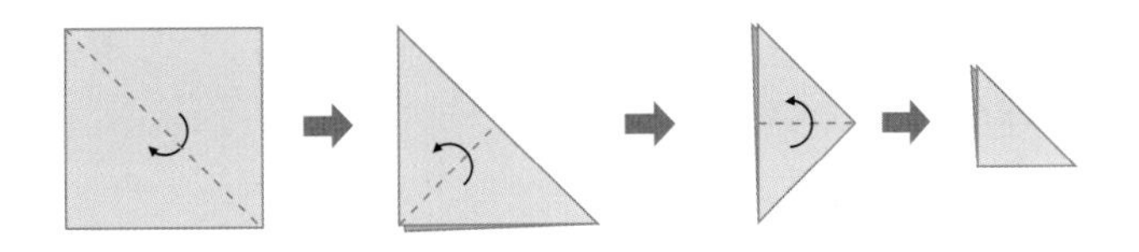

접은 색종이를 가위로 한 번 자른 다음 펼쳤더니 그림과 같은 모양이 되었습니다. 접은 색종이 위에 자른 선을 나타내시오.

주어진 모양을 차례로 접어 가면서 마지막 모양과 비교합니다.

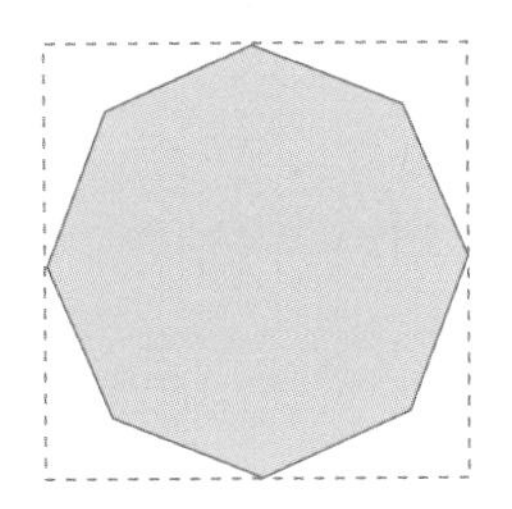

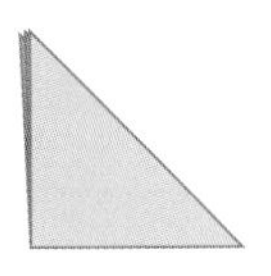

Creative 팩토

다음은 크기가 같은 색종이를 여러 장 겹친 것입니다. 모두 몇 장인지 구하시오. (단, 전혀 보이지 않는 색종이는 없습니다.)

KeyPoint
보이지 않는 부분을 선으로 그려 보면서 같은 색종이를 찾아봅니다.

다음과 같이 색종이를 2번 접은 후 굵은 선을 따라 잘랐습니다. 어떤 모양의 조각들이 몇 개씩 생기는지 구하시오.

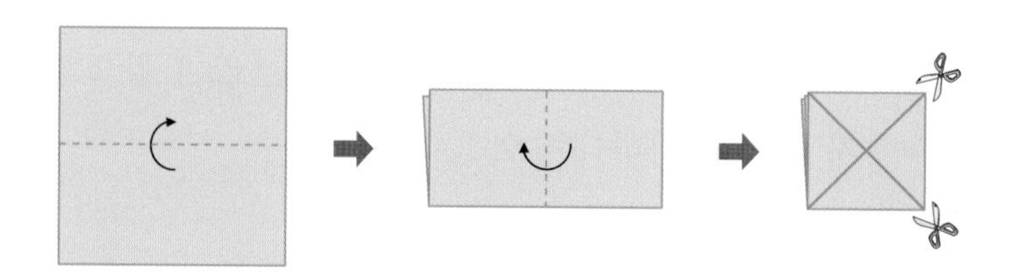

KeyPoint
접은 순서와 반대로 펼치면서 잘린 모양을 그려 봅니다.

정사각형 모양의 종이를 그림과 같이 접어서 구멍을 뚫었습니다. 펼쳤을 때의 모양을 그려 보시오.

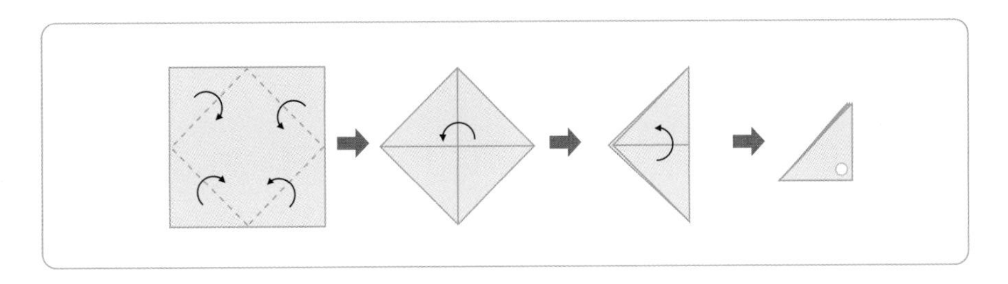

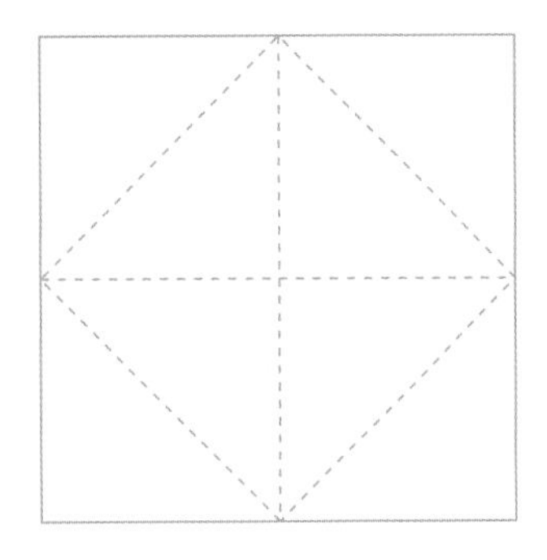

Key Point
접은 순서와 반대로 펼치면서 구멍이 뚫린 위치를 찾아봅니다.

다음과 같은 긴 직사각형 모양의 종이를 한 번 접었을 때, 나올 수 없는 모양을 고르시오.

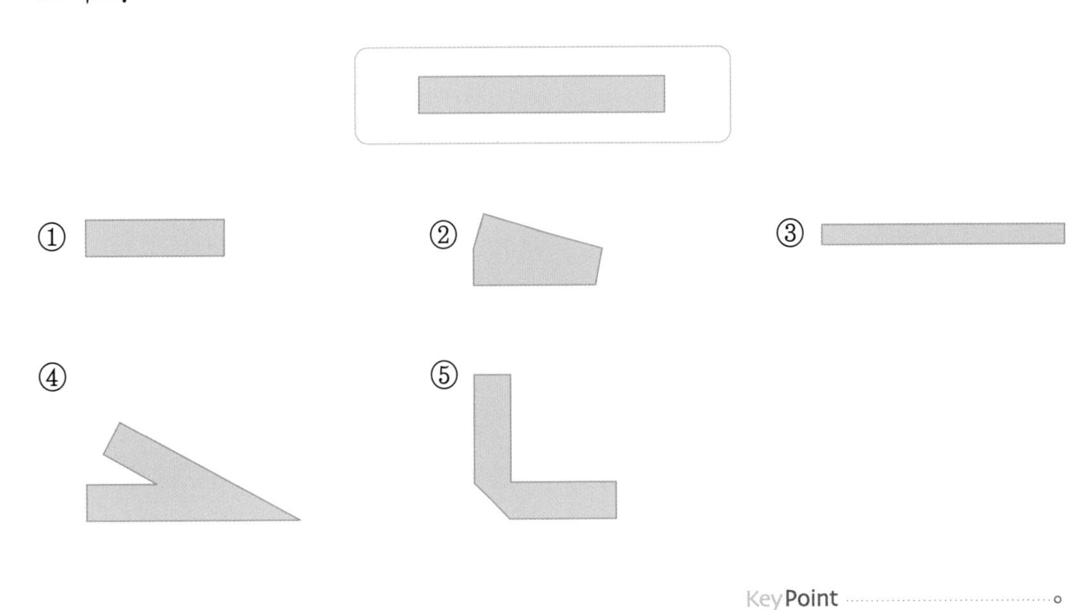

Key Point
한 번 접었을 때 접힌 부분의 모양을 잘 생각해 봅니다.

다음 그림은 크기가 같은 정사각형 모양의 색종이 8장을 붙인 모양입니다. 가장 위에 있는 색종이부터 가장 아래에 있는 색종이까지 번호를 차례대로 나타내시오.

Key Point

색종이를 위에서부터 한 장씩 뺀 모양을 생각해 봅니다.

정사각형 모양의 색종이를 그림과 같이 접은 다음, 선을 따라 가위로 잘라 냈습니다. 펼쳤을 때 나오는 종이 조각들을 모두 그리시오.

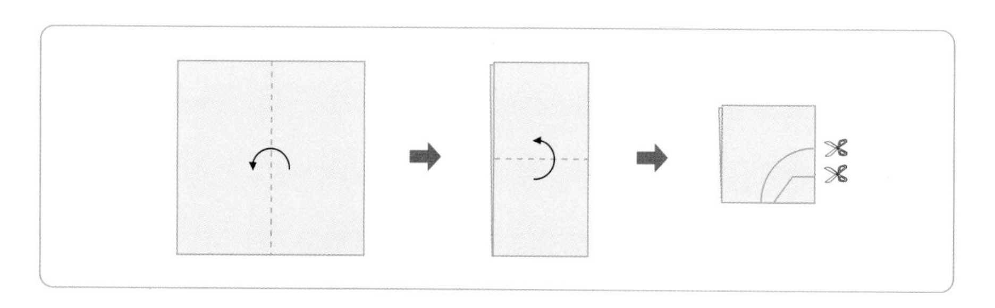

Key Point

색종이를 접은 다음 선을 따라 자르면 3부분으로 나누어집니다.

정육각형 모양의 종이를 다음과 같이 접은 다음, 검은색 부분을 오려 냈습니다. 펼쳤을 때의 모양을 그리시오.

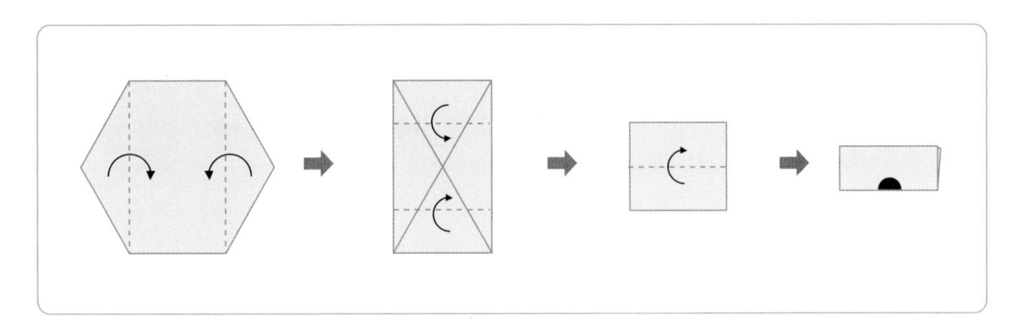

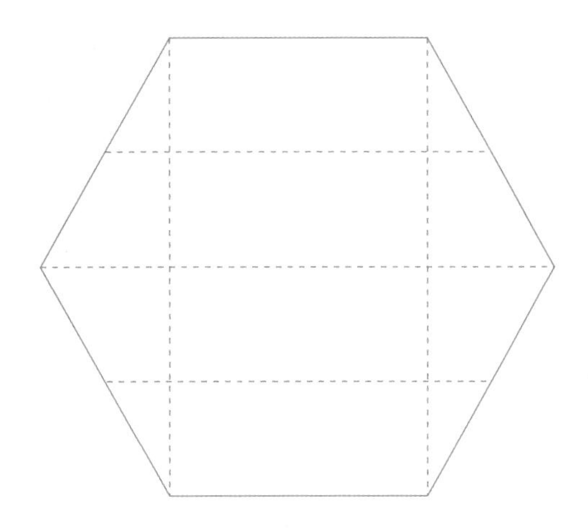

KeyPoint
종이를 펼치면서 오려 낸 부분을 그려 봅니다.

다음과 같이 종이를 접어 노란색이 칠해진 모양을 잘라 냈습니다. 펼친 모양을 그려 보시오.

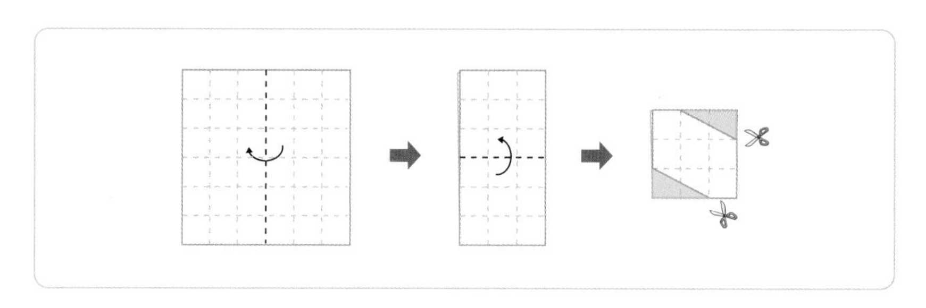

다음 그림은 크기가 같은 직각삼각형 모양의 색종이 7장을 겹쳐 놓은 것입니다. 가장 위에 있는 색종이부터 가장 아래에 있는 색종이까지 번호를 차례대로 쓰시오.

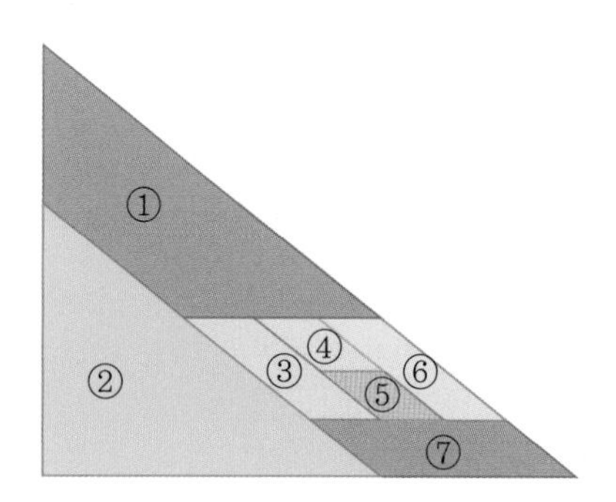

다음 그림은 크기가 같은 정사각형 모양의 색종이 8장을 붙인 모양입니다. ㉠이 맨 위에 있을 때 가장 아래에 있는 색종이는 어느 것인지 구하시오.

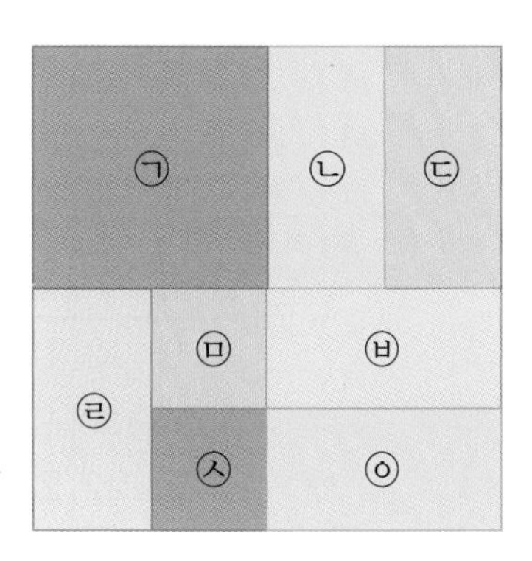

다음 그림을 구성하고 있는 도형이 아닌 것을 고르시오. (도형이 뒤집어져 있을 수도 있습니다.)

① 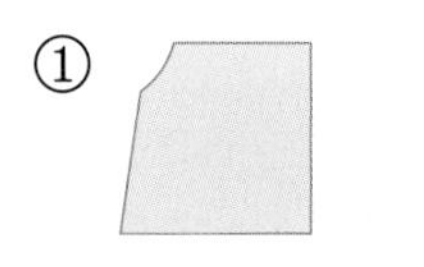 ② 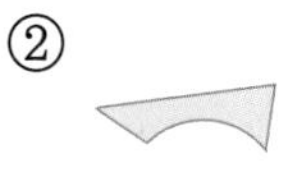 ③ 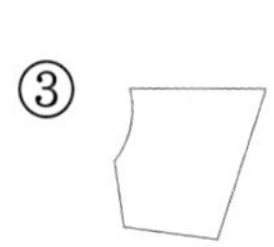

④ 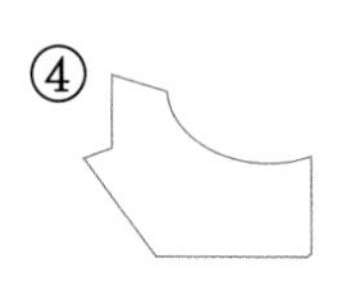 ⑤  ⑥ 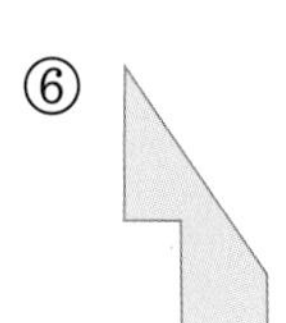

다음 그림에서 색칠된 부분은 모양의 셀로판지를 올려놓은 것입니다. 이 셀로판지를 직선 ㉮를 중심으로 아래로 뒤집고, 다시 직선 ㉯를 중심으로 오른쪽으로 접었을 때, 셀로판지에 비치는 수의 합을 구하시오.

1	2	3	4	5
6	7	8	9	10
11	12	13	14	15
16	17	18	19	20
21	22	23	24	25

㉮

1	2	3	4	5
6	7	8	9	10
11	12	13	14	15
16	17	18	19	20
21	22	23	24	25

1	2	3	4	5
6	7	8	9	10
11	12	13	14	15
16	17	18	19	20
21	22	23	24	25

㉯

다음 그림은 크기가 같은 정사각형 모양의 색종이 8장을 겹쳐 놓은 것입니다. 다른 색종이는 그대로 두고 ③번 색종이만 빼내면 어떠한 모양이 나오는지 그리시오.

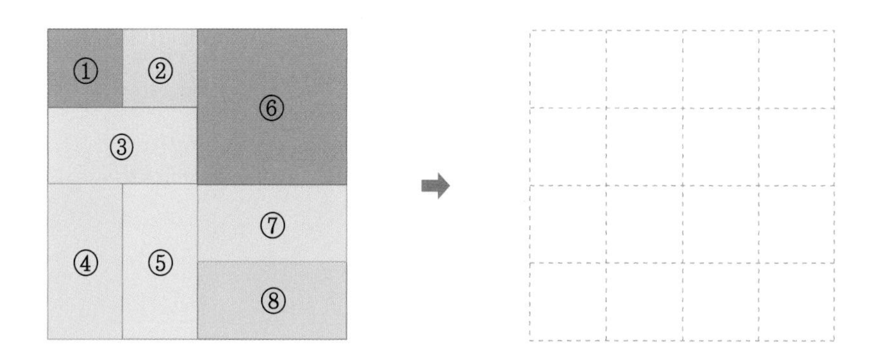

|보기|와 같이 숫자가 쓰여 있지 않은 시계가 있습니다. 이 시계를 거울에 비추어 보았더니 실제 시각과 거울에 비친 시각의 차이는 4시간(또는 8시간)입니다.

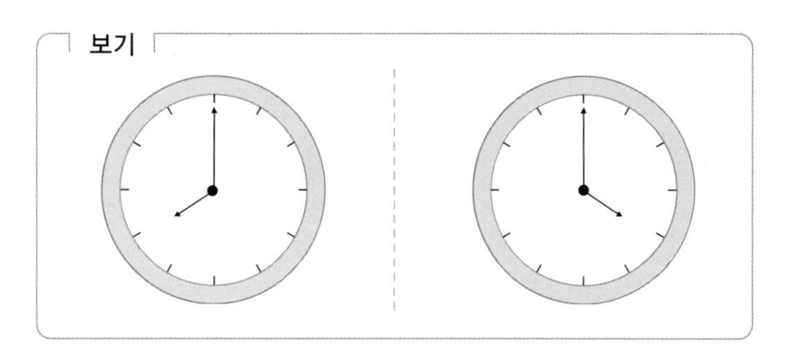

실제 시각과 거울에 비친 시각의 차이가 5시간(또는 7시간)인 시각을 알아보려고 합니다.

(1) 정각 6시일 때, 실제 시각과 거울에 비친 시각은 서로 같습니다. 실제 시각과 거울에 비친 시각의 차이가 없는 6시부터 1시간이 지난 후에 두 시계가 가리키는 시각의 차이를 구하시오.

(2) 실제 시각과 거울에 비친 시각의 차이가 5시간이 되려면 6시로부터 몇 시간 몇 분이 지난 후입니까? 그때의 실제 시각과 거울에 비친 시각을 구하시오.

(3) 정각 12시일 때, 실제 시각과 거울에 비친 시각은 서로 같습니다. 위와 같은 방법으로 12시를 기준으로 몇 시간 후에 실제 시각과 거울에 비친 시각의 차가 5시간이 되는지 구하고, 그때의 실제 시각과 거울에 비친 시각을 구하시오.

(4) 실제 시각과 거울에 비친 시각의 차이가 5시간(또는 7시간)인 시각을 구하시오.

Memo

IX 카운팅

1. 합의 법칙과 곱의 법칙

Free FACTO

가와 나 나라 사이를 비행기로 오고 가는 길이 3가지 있고, 배로 오고 가는 길이 2가지 있습니다. 다음 물음에 답하시오.

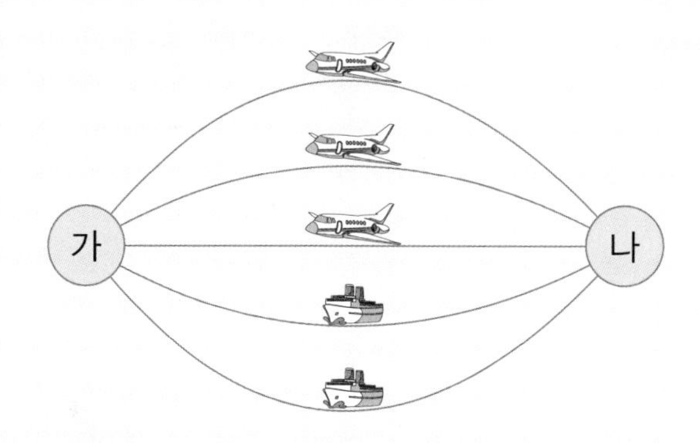

(1) 가 나라에서 나 나라로 가는 방법은 모두 몇 가지 있습니까?

(2) 가 나라에서 나 나라로 배를 타고 간 다음, 비행기를 타고 다시 가 나라로 돌아오려고 합니다. 모두 몇 가지 방법이 있습니까?

생각의 흐름

1 비행기로 가는 방법의 수와 배로 가는 방법의 수를 더합니다.

2 배로 가는 방법의 수에 비행기로 가는 방법의 수를 곱합니다.

다음과 같이 집과 학교 사이의 길이 3가지 있습니다. 집에서 학교에 갔다가 다시 집으로 돌아오는 방법은 모두 몇 가지입니까?

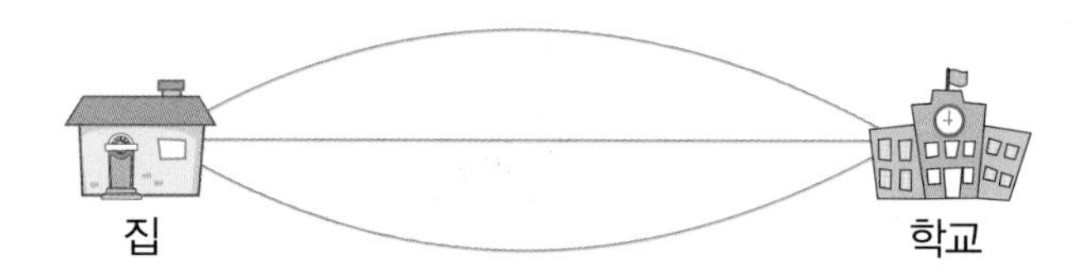

명석이는 색깔이 서로 다른 윗옷 4개와 바지 3개를 가지고 있습니다.

➡ 윗옷을 입는 것과 바지를 입는 것은 동시에 일어나는 사건이며, 윗옷 중 하나를 주는 것과 바지 중 하나를 주는 것은 동시에 일어나지 않는 사건입니다.

(1) 명석이가 옷을 입는 방법은 모두 몇 가지입니까?

(2) 명석이는 가지고 있는 옷 중에서 하나를 동생에게 주려고 합니다. 몇 가지 방법이 있습니까?

LECTURE 합의 법칙과 곱의 법칙

가 나라에서 나 나라로 갈 때, 3종류의 비행기 노선을 A, B, C라 하고, 2종류의 배 노선을 D, E라 하면 가 나라에서 나 나라로 가는 방법은 A, B, C, D, E의 노선을 이용할 수 있으므로

$$3+2=5(\text{가지})$$

입니다.

가 나라에서 비행기를 타고 나 나라로 갔다가 배를 타고 가 나라로 돌아오는 방법은 3×2=6(가지)입니다.

나뭇가지 그림으로 그려 보면 다음과 같습니다.

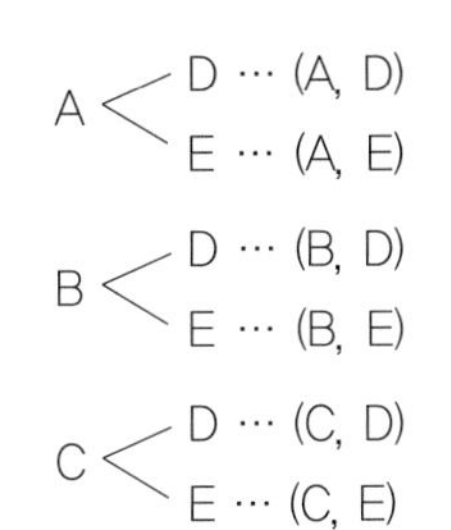

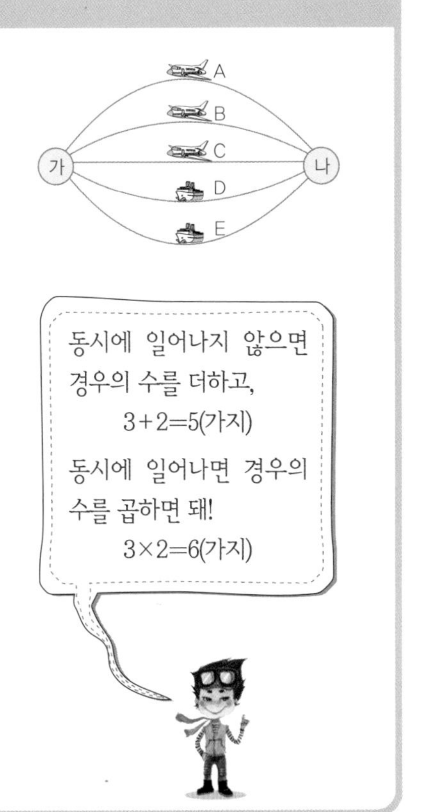

2. 최단 경로의 가짓수

Free FACTO

다음은 집에서 학교까지 가는 길을 나타낸 것입니다. 집에서 학교까지 가장 빨리 가는 길은 모두 몇 가지 있습니까?

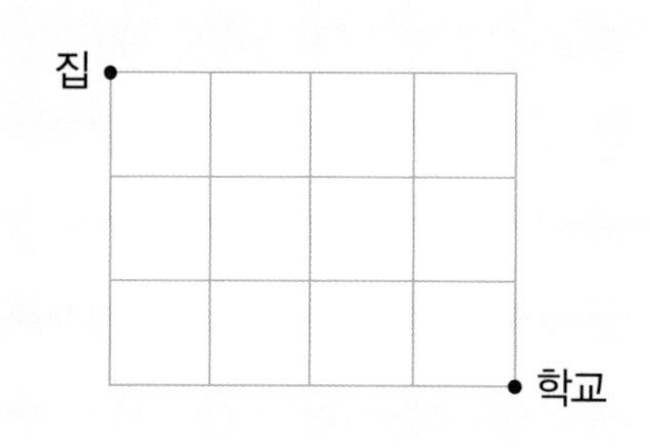

생각의 흐름

1 최단 거리로 가는 방법이 1가지뿐인 지점에 1을 적습니다.

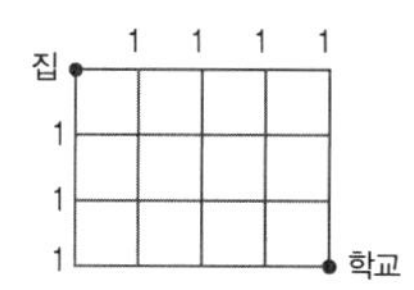

2 각 교차점(길이 만나는 곳)에 왼쪽에서 오는 길의 가짓수와 위에서 오는 길의 가짓수를 더해 나갑니다.

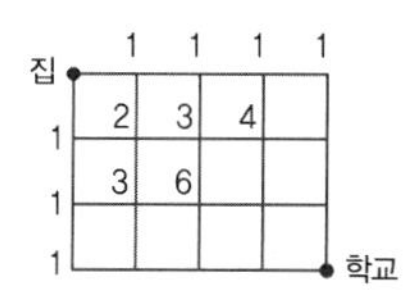

다음은 환이네 마을의 길을 나타낸 것입니다. 역에서 서점까지 가는 가장 빠른 길은 모두 몇 가지 있습니까?

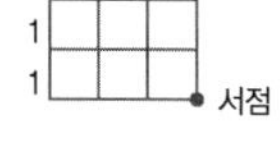

역에서 시작하여 서점까지 각 교차점에 길의 가짓수를 써 나갑니다.

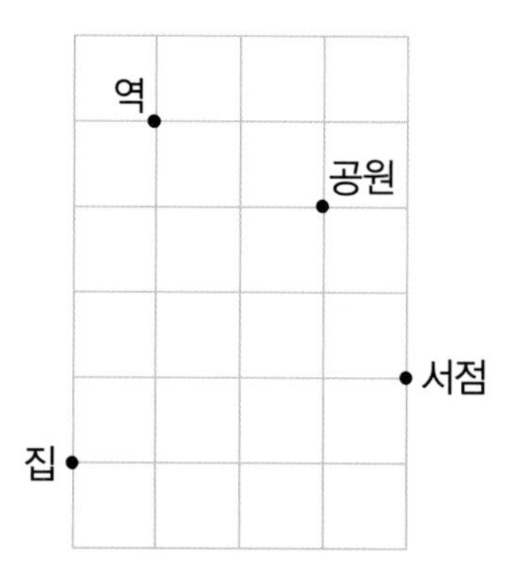

예제 02 A에서 B까지 선을 따라 가는 가장 짧은 길은 모두 몇 가지입니까?

가장 짧은 길은 오른쪽 또는 위쪽으로만 가야 합니다.

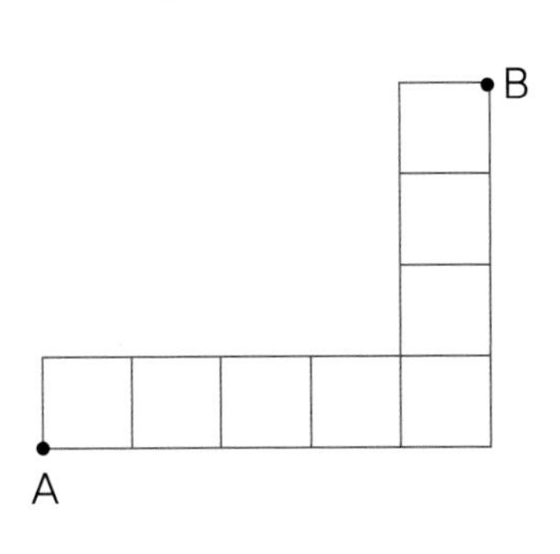

LECTURE 최단 경로의 가짓수

주어진 길에서 가장 빨리 갈 수 있는 길을 최단 경로라고 합니다.
오른쪽 그림의 A 지점에서 B 지점까지 최단 경로로 가려면 오른쪽 또는 아래쪽으로 가면 됩니다.

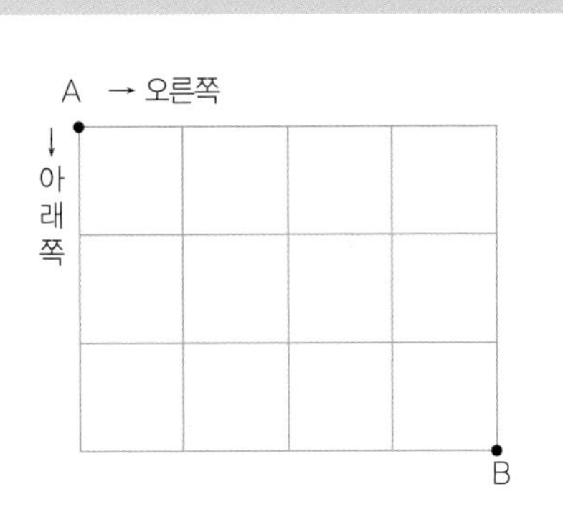

A 지점에서 B 지점까지의 최단 경로의 가짓수를 구하려면

① 길의 가짓수가 오른쪽 또는 아래쪽으로 1가지뿐인 곳에 1을 써넣습니다.

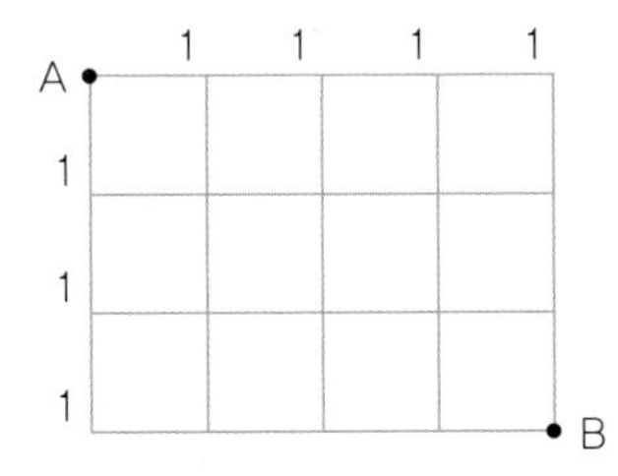

② 각 교차점에 왼쪽에서 오는 길의 가짓수와 위에서 오는 길의 가짓수를 더해 나갑니다.

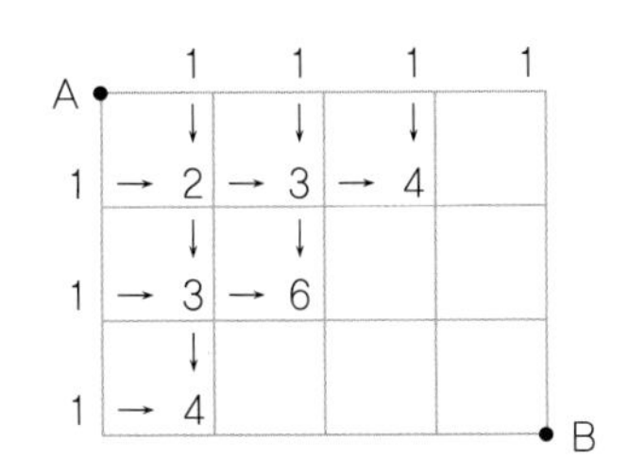

3. 리그와 토너먼트

Free FACTO

여러 팀들이 시합을 하는 방법은 리그 방식과 토너먼트 방식이 있습니다. 리그 방식은 한 팀이 다른 모든 팀과 한 번씩 시합을 한 다음에 그 경기 결과로 1위를 가리는 방법이고, 토너먼트 방식은 두 팀끼리 시합을 하여 진 팀은 탈락하고 이긴 팀끼리 다시 시합을 하여 1위를 가리는 방법입니다. 다음과 같이 A, B, C 세 팀이 리그 방식으로 시합을 하면 모두 3번의 경기를 하고, 토너먼트 방식으로 시합을 하면 모두 2번의 경기를 하게 됩니다.

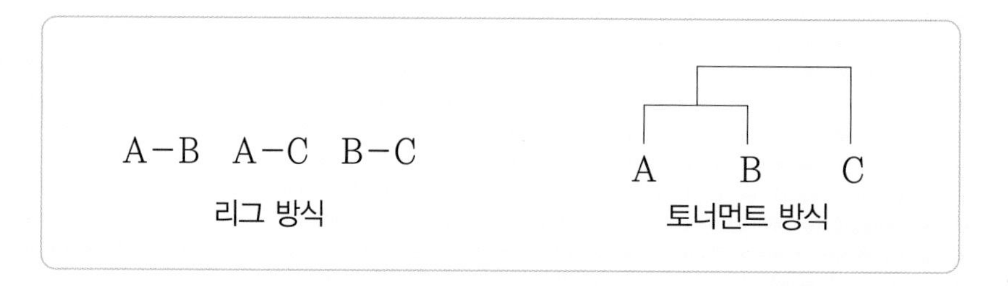

4개의 팀이 리그 방식과 토너먼트 방식으로 시합을 할 경우, 각각 몇 번의 경기를 합니까?

생각의 흐름

1 리그 방식으로 시합을 할 경우, 각 팀은 3번씩 시합을 합니다. 시합을 1번 할 때마다 시합 수의 합은 2씩 늘어난다는 점을 생각하여 모두 몇 번의 경기를 하는지 구합니다.

2 토너먼트 방식으로 시합을 할 경우, 모든 팀 중에서 한 팀만 남을 때까지 시합을 해야 합니다. 시합을 1번 할 때마다 하나의 팀이 탈락한다는 점을 생각하여 모두 몇 번의 경기를 하는지 구합니다.

예제 01 테니스 대회에 100명의 선수들이 참가했습니다. 토너먼트 방식으로 우승자를 가리려면 모두 몇 번의 시합을 해야 합니까?

99명의 선수가 탈락해야 우승자가 가려집니다.

6명이 만나서 서로 한 번씩 모두 악수를 하였습니다. 악수를 한 횟수는 모두 몇 번입니까?

➡ 한 사람이 악수한 횟수는 5번이고, 악수를 한 번 할 때마다 악수한 횟수의 합은 2씩 늘어납니다.

LECTURE 리그와 토너먼트

① 리그 방식

□개의 팀이 나머지 (□－1)개의 팀과 한 번씩 경기를 하게 됩니다.
이때 (A와 B의 경기)와 (B와 A의 경기)는 같은 경기인데 두 번씩 센 것이므로 총 경기 수는 {□×(□－1)÷2}번입니다.

② 토너먼트 방식

- 4개의 팀이 있을 경우, 2개의 팀끼리 2번, 앞에서 이긴 2개의 팀이 1번 경기를 하여 모두 2+1=3(번) 경기를 하게 됩니다.
- 6개의 팀이 있을 경우, 2개의 팀끼리 3번, 이긴 3개의 팀 중 2개의 팀이 1번 경기를 하고, 여기서 이긴 1개의 팀과 남은 1개의 팀이 마지막 경기를 하게 되므로 모두 3+1+1=5(번) 경기를 하게 됩니다.

이와 같이 □개의 팀이 토너먼트 방식으로 경기할 때 총 경기 수는 (□－1)번입니다.

Creative 팩토

(가), (나), (다) 세 마을을 잇는 길이 다음 그림과 같이 나 있습니다. (가) 마을에서 출발하여 (나) 마을을 거쳐 (다) 마을로 가는 방법은 모두 몇 가지 있습니까?

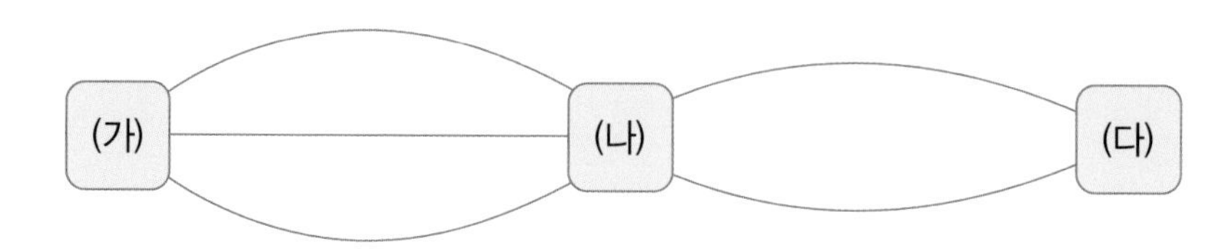

KeyPoint
(가) 마을에서 (나) 마을로 가는 방법 각각의 경우마다 (나) 마을에서 (다) 마을로 가는 방법은 2가지씩 있습니다.

창민이네 반에서 남자 회장과 여자 회장을 1명씩 뽑으려고 합니다. 남자 회장 후보는 창민, 정태, 두식, 동현이고, 여자 회장 후보는 소영, 지현, 희진입니다. 뽑는 방법은 모두 몇 가지입니까?

KeyPoint
남자 회장으로 창민을 뽑는 방법은 모두 3가지입니다.

다음 그림에서 집에서 백화점까지 가는 최단 경로는 모두 몇 가지 있습니까? (선은 길을 나타냅니다.)

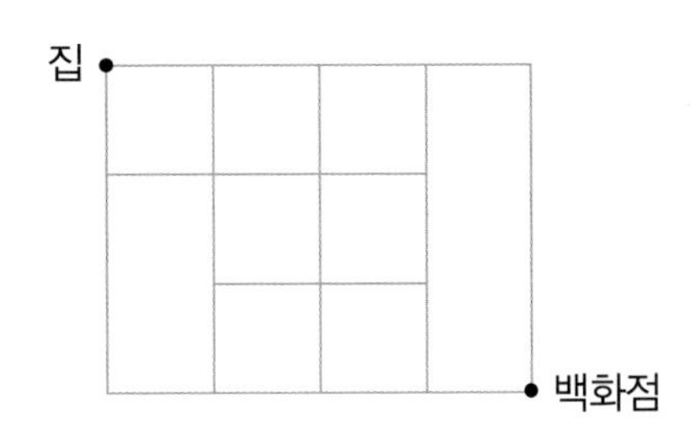

Key Point
최단 경로의 가짓수를 더하여 적을 때, 바로 연결되어 있지 않은 점의 가짓수를 더해서는 안 됩니다.

다음 그림에서 선은 A 도시와 B 도시를 잇는 도로를 나타냅니다. × 표시가 된 곳은 사고가 나서 현재 지나갈 수 없는 곳이라면, A 도시에서 B 도시로 가는 가장 빠른 길은 몇 가지 있습니까?

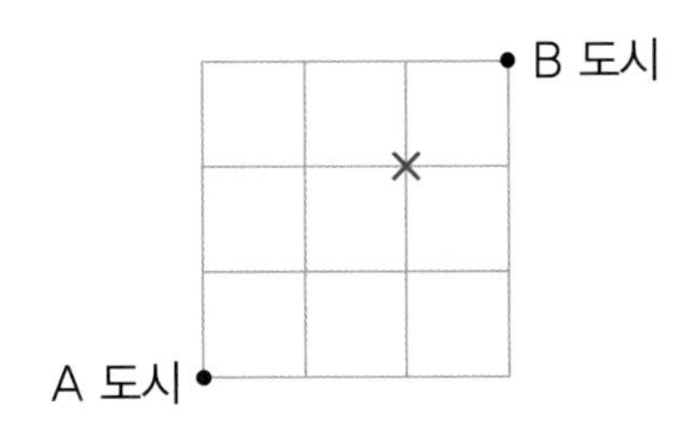

Key Point
지날 수 없는 곳에는 최단 경로의 가짓수를 0으로 쓰면 됩니다.

㉠에서 ㉡까지 선을 따라 가장 빨리 가는 방법은 모두 몇 가지 있습니까?

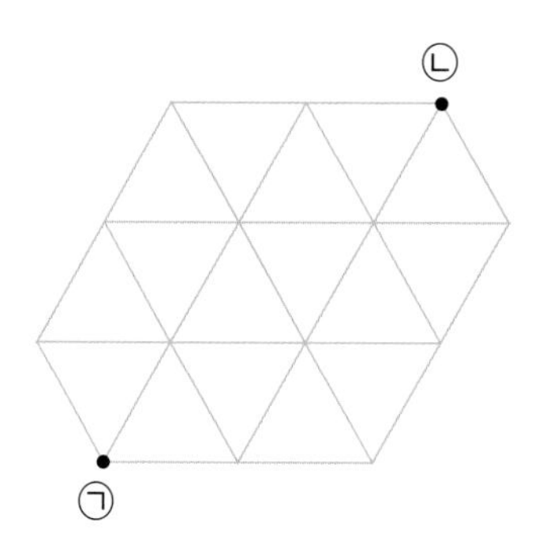

Key Point

가장 빨리 가려면 어떤 방향으로 가서는 안 되는지 생각하고, 그 방향의 선을 지웁니다.

다음과 같은 대진표에 따라 16개 팀이 토너먼트 방식으로 시합을 했습니다. 준우승을 한 팀은 시합을 모두 몇 번 했습니까?

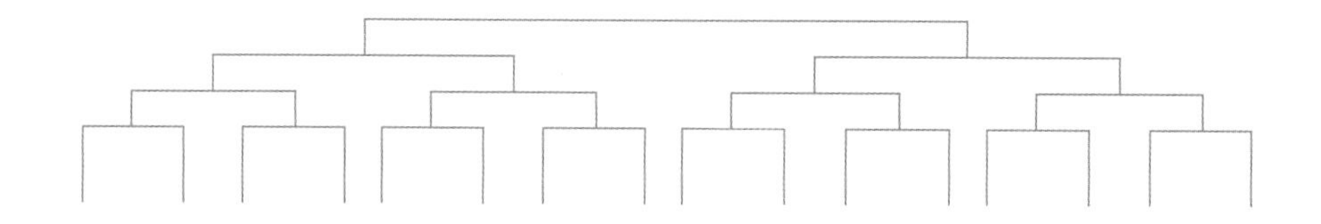

Key Point

준우승을 한 팀은 결승전에서 우승 팀에게 진 팀입니다. 따라서 결승전까지 가려면 몇 번의 시합을 이겨야 하는지 생각합니다.

80명이 바둑 대회에 참가했습니다. 예선에서는 5명씩 16개 조로 나누어 리그 방식으로 시합을 하여 조 1위를 16명 뽑습니다. 그리고 본선에서는 이 16명이 토너먼트 방식으로 시합을 하여 우승자를 뽑습니다. 물음에 답하시오.

(1) 예선에서 한 조에서 해야 하는 시합의 수는 몇 번입니까?

(2) 예선을 통과한 16명을 뽑기 위해 시합은 모두 몇 번 해야 합니까?

(3) 본선에서 우승자 1명을 뽑기 위해 시합은 모두 몇 번 해야 합니까?

(4) 80명이 참가한 바둑 대회에서 우승자를 뽑기까지 예선과 본선을 합하여 모두 몇 번의 시합을 해야 합니까?

4. 만들 수 있는 수의 개수

Free FACTO

다음 숫자 카드를 한 번씩 사용하여 만들 수 있는 네 자리 수는 모두 몇 개입니까?

0　1　3　6

생각의 흐름

1 천의 자리부터 차례대로 숫자 카드를 놓는다고 생각해 보고, 천의 자리에 놓을 수 있는 숫자 카드는 몇 가지인지 구합니다.

2 천의 자리에 숫자 카드를 놓은 다음, 백의 자리에 놓을 수 있는 숫자 카드는 몇 가지인지 구합니다.

3 같은 방법으로 십의 자리, 일의 자리에 놓을 수 있는 숫자 카드는 몇 가지인지 구한 다음, 각각의 가짓수를 곱합니다.

LECTURE 만들 수 있는 수의 개수

위와 같은 문제를 푸는 일반적인 방법은 가장 앞의 자리부터 그 자리가 될 수 있는 숫자의 가짓수를 차례대로 구한 다음, 모두 곱하는 것입니다. 숫자 0, 1, 2, 3이 주어졌을 때, 나뭇가지 그림을 그려 보면 천의 자리가 될 수 있는 숫자는 3개이고, 각각의 경우 백의 자리가 될 수 있는 숫자는 3개, 십의 자리가 될 수 있는 숫자는 2개, 일의 자리가 될 수 있는 숫자는 1개입니다.

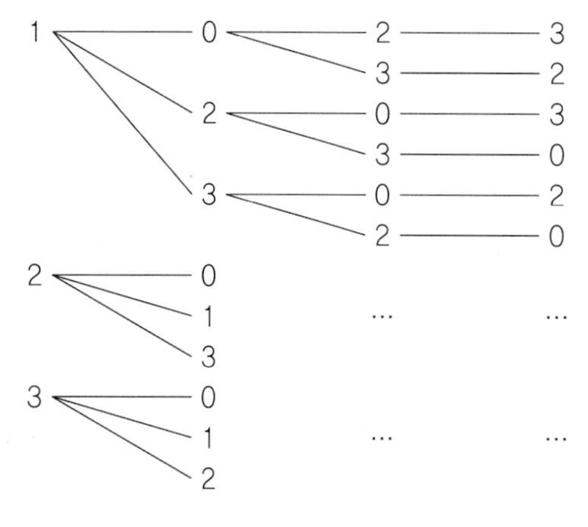

따라서 만들 수 있는 네 자리 수는 모두 3×3×2×1=18(개)입니다.

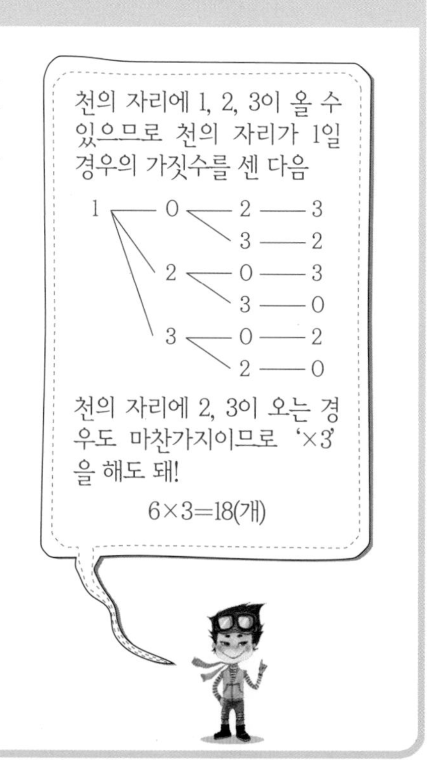

2, 4, 6, 8을 한 번씩만 사용하여 만들 수 있는 네 자리 수는 모두 몇 개입니까?

천, 백, 십, 일의 자리에 순서대로 숫자를 넣는다고 생각하고, 각 자리에 들어갈 수 있는 숫자의 개수를 차례대로 구하여 곱합니다.

다음 숫자 카드를 한 번씩만 사용하여 만들 수 있는 다섯 자리 수 중에서 5만보다 큰 수는 모두 몇 개입니까?

5만보다 큰 수이므로 만의 자리 숫자가 5 이상인 경우를 생각합니다.

1 3 5 7 9

5. 합과 곱의 가짓수

Free FACTO

1에서 9까지의 숫자가 적힌 숫자 카드가 한 장씩 있습니다. 이 중에서 합이 12인 세 장의 숫자 카드를 고르는 방법은 모두 몇 가지입니까?

1	2	3	4	5	6	7	8	9

생각의 흐름

1. 세 장의 숫자 카드에 적힌 수 중 가장 작은 수가 1일 경우는 몇 가지 있는지 구합니다.
2. 세 장의 숫자 카드에 적힌 수 중 가장 작은 수가 2일 경우는 몇 가지 있는지 구합니다.
3. 세 장의 숫자 카드에 적힌 수 중 가장 작은 수가 3일 경우는 몇 가지 있는지 구하고, 가장 작은 수가 3보다 클 수 있는지 생각합니다.

LECTURE 합과 곱의 가짓수

가짓수를 구하는 문제는 공식을 사용하여 구할 수 있는 문제와 그럴 수 없는 문제로 나눌 수 있습니다.
공식을 사용하여 가짓수를 구할 수 없는 문제는 문제의 조건을 정확히 파악한 다음, 경우를 나누어서 가짓수를 세어야 합니다. 이것은 어려운 문제를 풀 때 매우 중요하며, 모든 경우를 고려하면서도 중복되지 않도록 경우를 명확히 나누는 능력이 요구됩니다.
합 또는 곱이 일정한 수들의 가짓수를 구하는 문제는 가장 작은 수가 무엇인지에 따라 경우를 나누어 푸는 것이 일반적입니다. 경우를 나눈 다음에는 문제의 조건에 주의하면서 각 경우의 가짓수를 세면 됩니다.

공식을 사용하여 가짓수를 구할 수 없는 경우, 가장 작은 수가 무엇인지에 따라 경우를 나누어 풀면 돼!

다음은 3개의 서로 다른 한 자리 수를 더해서 6을 만드는 방법을 모두 나타낸 것입니다. 3개의 서로 다른 한 자리 수를 더해서 10을 만드는 방법을 모두 나타내시오.
(0+1+5와 1+0+5와 같이 더하는 순서만 다른 것은 같은 방법으로 봅니다.)

3개의 수 중에서 가장 작은 수가 0, 1, 2일 때로 경우를 나눕니다.

$$6=0+1+5=0+2+4=1+2+3$$

30을 세 수의 곱으로 나타내는 방법은 모두 몇 가지입니까? (단, 곱하는 세 수가 같으면 곱하는 순서가 달라도 같은 방법으로 봅니다.)

세 수 중에서 서로 같은 수가 있을 수 있다는 점과 세 수 중에서 가장 작은 수는 2보다 클 수 없다는 점에 주의합니다.

6. 동전, 우표, 과녁

Free FACTO

성민이의 주머니 안에는 50원, 100원, 500원짜리 동전이 5개씩 있습니다. 성민이는 1100원짜리 공책을 한 권 샀습니다. 거스름돈 없이 공책 값을 지불하는 방법은 모두 몇 가지입니까?

생각의 흐름

1 사용하는 500원짜리 동전의 개수에 따라 경우를 나누어 가능한 방법을 모두 찾습니다.

2 표를 이용하여 각각의 경우를 알아봅니다.

LECTURE 금액 맞추기

위와 같은 문제는 합과 곱의 가짓수를 구하는 문제와 마찬가지로 경우를 나누어서 따져 보아야 합니다.

그런데 여기서 생각할 것은 경우를 나누는 기준입니다. 너무 많은 경우로 나누면 문제가 어렵게 느껴지고 실수를 할 가능성이 높아지기 때문에 적은 경우로 나누는 기준을 잡는 것이 좋습니다.

- 500원짜리를 0개 쓰는 경우 - 다른 동전의 합계 1100원
- 500원짜리를 1개 쓰는 경우 - 다른 동전의 합계 600원
- 500원짜리를 2개 쓰는 경우 - 다른 동전의 합계 100원
- 500원짜리를 2개보다 많이 쓰는 경우 - 불가능

이 문제에서는 50원짜리 동전이나 100원짜리 동전의 개수에 따라 경우를 나눌 수도 있습니다. 하지만 500원짜리 동전의 개수에 따라 경우를 나누면 경우는 4가지에 불과하므로 문제를 파악하기 쉽습니다.

이러한 문제를 풀 때에는 경우가 가장 적은 것을 먼저 생각하여 경우를 나누는 것이 바람직합니다.

편지 봉투에 정확히 400원어치의 우표를 붙이려고 하는데, 우표는 30원짜리와 50원짜리 두 종류를 팔고 있습니다. 우표를 사서 편지 봉투에 붙이는 방법은 모두 몇 가지입니까?

50원짜리 우표를 몇 개 붙이는지에 따라 경우를 나누어 생각해 봅니다.

다음과 같은 과녁에 활을 쏘아 4번 맞혀서 얻은 점수의 합이 22점이었습니다. 3점, 5점, 7점짜리를 각각 몇 번 맞혔는지 가능한 경우를 모두 답하시오. (경계선에 맞히는 경우는 없다고 생각합니다.)

7점짜리를 몇 번 맞혔는지에 따라 경우를 나누는 것이 가장 간단합니다.

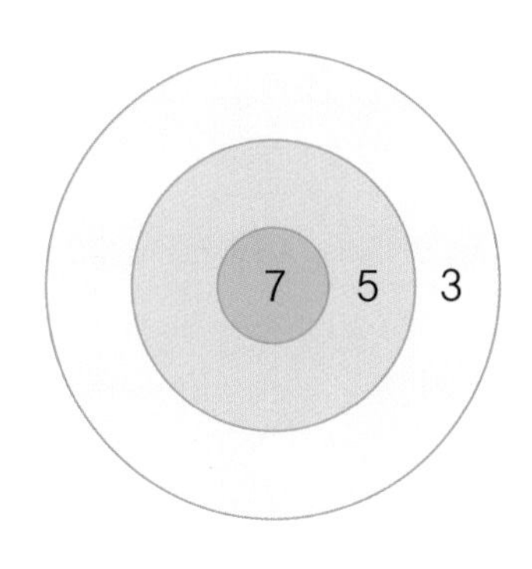

Creative 팩토

4, 5, 6, 7을 한 번씩만 사용하여 만들 수 있는 네 자리 수 중에서 짝수는 모두 몇 개입니까?

KeyPoint

짝수는 일의 자리 숫자가 0, 2, 4, 6, 8인 수입니다.

다음과 같은 숫자 카드가 한 장씩 있습니다. 이 숫자 카드를 사용하여 만들 수 있는 세 자리 수는 모두 몇 개입니까?

8	3	1	4	6

KeyPoint

5장의 카드로 세 자리 수를 만드는 것에 주의합니다.

다음 숫자 카드를 한 장씩 사용하여 만들 수 있는 네 자리 수 중에서 1300보다 크고 3300보다 작은 수는 모두 몇 개입니까?

1	2	3	4

Key Point

천의 자리와 백의 자리가 어떤 수인지에 따라 경우를 나누어 생각해 봅니다.

1에서 9까지의 수가 쓰인 숫자 카드가 한 장씩 있습니다. 이 중에서 숫자 카드에 쓰인 수의 합이 35가 되도록 6장을 고르는 방법은 모두 몇 가지입니까?

Key Point

고르지 않은 3장에 쓰인 수의 합이 $45-35=10$이 되는 방법의 가짓수와 같습니다.

주사위를 3번 던져서 나온 눈을 모두 곱했을 때, 그 곱이 10이 되는 경우는 다음과 같이 모두 6가지입니다. (눈이 나온 순서가 다르면 다른 경우로 봅니다.)

$$1\times2\times5,\ 1\times5\times2,\ 2\times1\times5,\ 2\times5\times1,\ 5\times1\times2,\ 5\times2\times1$$

주사위를 3번 던져서 나온 눈을 모두 곱했을 때, 그 곱이 12가 되는 경우는 모두 몇 가지입니까?

KeyPoint

먼저 곱이 12가 되는 세 수를 모두 찾습니다. 주사위의 눈은 1에서 6까지 있는 것에 주의합니다.

10개의 귤을 명수, 형진, 종찬 세 명에게 나누어 주려고 합니다. 세 명이 각자 2개 이상의 귤을 받아야 한다면, 나누어 주는 방법은 모두 몇 가지입니까?

KeyPoint

명수가 받는 귤의 개수에 따라 경우를 나누어 알아봅니다.

명석이의 지갑 안에 천 원짜리, 오천 원짜리, 만 원짜리 지폐를 합하여 7장이 들어 있습니다. 천 원짜리는 오천 원짜리보다 많이 있고, 오천 원짜리는 만 원짜리보다 많이 있다면, 명석이의 지갑 안에 있는 돈은 모두 얼마입니까?

KeyPoint
만 원짜리가 몇 장 있는지에 따라 경우를 나누어 생각해 봅니다.

A 선수와 B 선수가 다음과 같은 과녁에 활을 쏘아 맞히는 시합을 하고 있습니다. 맞힌 부분에 해당되는 점수를 얻게 되며, A 선수가 먼저 6번을 쏜 다음에 B 선수가 6번을 쏘아 점수가 높은 사람이 이깁니다. A 선수가 6번을 쏜 결과 20점을 얻었다면, B 선수가 A 선수를 이기는 방법은 몇 가지 있습니까? (단, 화살이 과녁을 빗나가거나 경계선에 맞히는 경우는 없다고 생각합니다. 또한, 각 부분에 맞힌 횟수가 같으면 맞힌 순서가 달라도 같은 방법으로 봅니다.)

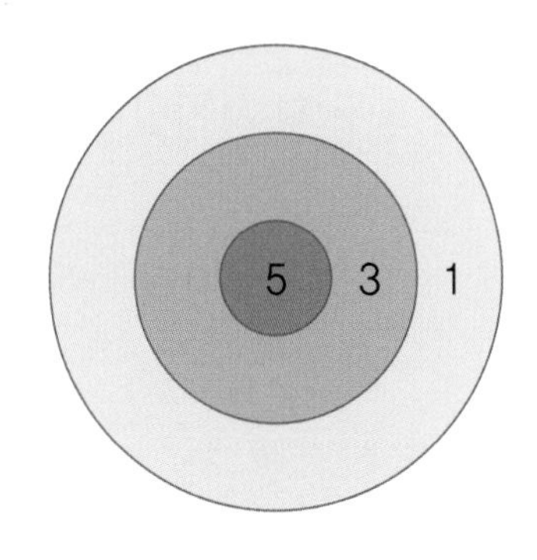

KeyPoint
6번 중에서 5점인 부분을 몇 번 맞히는지에 따라 경우를 나눈 다음, 점수의 합이 20점을 넘는 경우를 찾습니다.

Thinking 팩토

A, B, C, D 네 도시를 잇는 길이 다음과 같이 나 있습니다. A 도시에서 D 도시로 가는 방법은 모두 몇 가지입니까? (단, 동쪽 방향으로 가야 하고, 서쪽 방향으로 가서는 안 됩니다.)

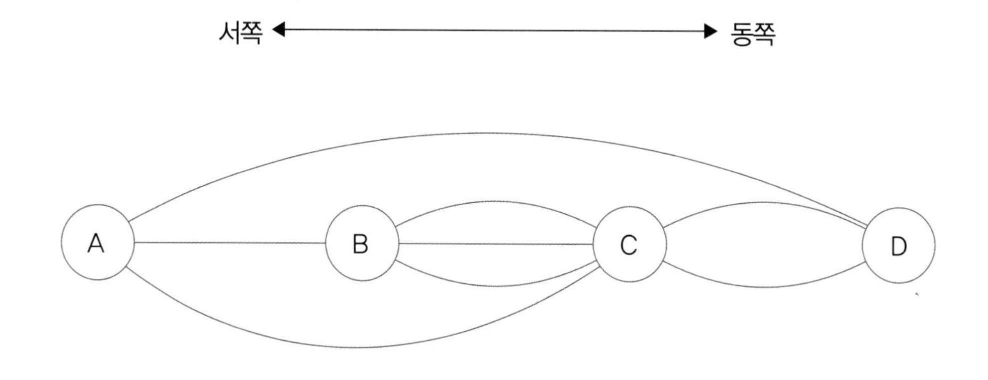

세연이는 오늘 날씨가 추워서 모자, 목도리, 장갑을 하고 외출하려고 합니다. 세연이의 옷장에 모자는 검은색, 노란색, 흰색이 있고, 목도리는 초록색, 파란색, 빨간색이 있으며, 장갑은 주황색, 보라색이 있습니다. 세연이가 모자, 목도리, 장갑을 각각 하나씩 고르는 방법은 모두 몇 가지입니까?

송희네 마을은 그림과 같이 바둑판 모양으로 길이 나 있습니다. 송희가 집을 출발하여 문방구점에서 준비물을 산 다음, 학교로 가는 가장 빠른 길은 모두 몇 가지입니까?

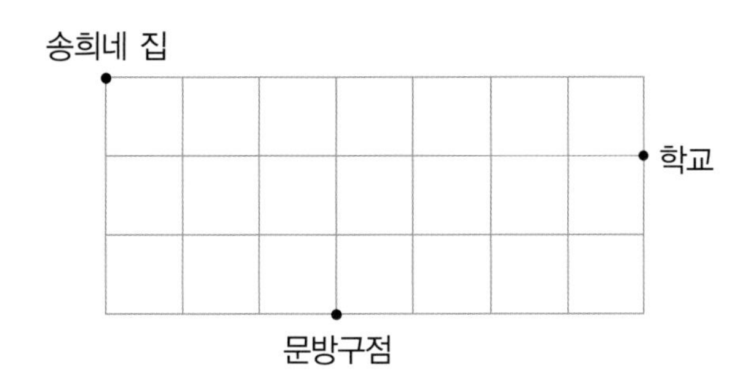

5쌍의 부부가 한 자리에 모였습니다. 여자들은 자기 남편을 제외한 다른 모든 사람들과 한 번씩 악수를 했고, 남자들은 자기 아내를 제외한 모든 여자들과 한 번씩 악수를 했지만 남자끼리는 악수를 하지 않았다고 합니다. 물음에 답하시오.

(1) 여자와 남자가 한 악수는 모두 몇 번입니까?

(2) 여자와 여자가 한 악수는 모두 몇 번입니까?

(3) 5쌍의 부부는 모두 몇 번 악수를 했습니까?

다음과 같은 숫자 카드가 각각 10장씩 있습니다. 이 숫자 카드로 만들 수 있는 세 자리 수 중에서 홀수의 개수를 구하시오.

0	2	5	7	8

3을 서로 다른 수들의 합으로 나타내는 방법은 다음과 같습니다. (더하는 순서만 다른 것은 같은 방법으로 봅니다.)

$$3=0+3=1+2=0+1+2$$

7을 서로 다른 수들의 합으로 나타내는 방법을 가능한 한 많이 찾아보시오.

어느 한 선수가 다음과 같은 과녁에 총을 여러 번 쏜 결과 80점을 얻었습니다. 이 선수는 각 부분에 몇 발씩 맞추었는지 가능한 경우를 모두 답하시오.

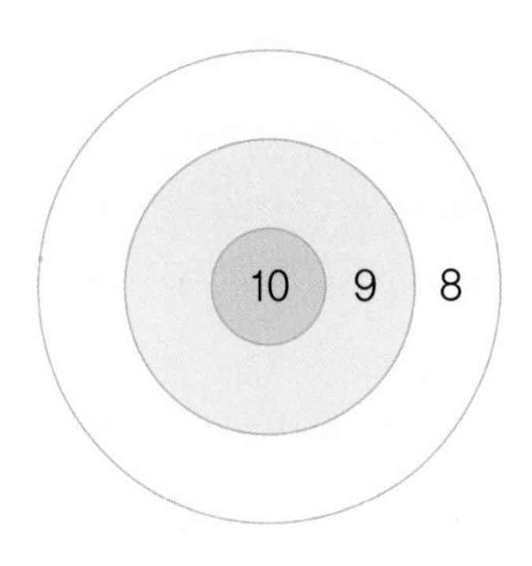

1000원짜리 지폐 한 장을 동전으로 바꾸려고 합니다. 모두 몇 가지 방법이 있습니까? (단, 동전은 500원짜리, 100원짜리, 50원짜리 3종류만 있습니다.)

Memo

X 문제해결력

1. 가정하여 풀기

Free FACTO

한 농부가 토끼와 오리를 합하여 100마리 기르고 있습니다. 어느 날 농부가 기르는 동물의 다리의 개수를 세어 보니 모두 280개였습니다. 이 농부가 기르는 토끼는 몇 마리입니까?

생각의 흐름

1 토끼는 다리가 4개이고, 오리는 다리가 2개입니다. 100마리가 모두 오리라고 가정하면 다리의 개수는 200개여야 합니다. 실제 다리의 개수 280개와 차이가 나는 이유를 생각해 봅니다.

2 100마리 중에서 오리 한 마리가 토끼 한 마리로 바뀌면 다리의 개수는 2개 늘어납니다. 오리 몇 마리가 토끼로 바뀌어야 하는지 구합니다.

LECTURE 가정하여 풀기

다음은 5세기 중국의 수학책인 「손자산경」에 나오는 문제입니다.

> 꿩과 토끼가 모여 있다. 머리는 모두 35개이고, 다리는 모두 94개이다. 꿩과 토끼는 각각 몇 마리씩 있는가?

「손자산경」에서는 이 문제를 다음과 같이 풀었습니다.

> 토끼와 꿩이 다리를 절반씩 감춘다고 생각해 보자. 그러면 토끼는 다리가 2개, 꿩은 다리가 1개만 보일 것이고, 보이는 다리가 모두 47개일 것이다.
> 머리가 35개인데 다리가 47개라면 47−35=12(마리) 토끼 때문인 것이다.
> 따라서 토끼는 12마리, 꿩은 35−12=23(마리)이다.

다리가 4개와 2개이면 생각하기 복잡하므로 다리를 절반씩 감춘다고 하여 푸는 아이디어는 지금 보아도 기발합니다.
하지만 4개나 2개가 아닌 홀수 개의 더 복잡한 수들이 나오는 문제를 이러한 방법으로 풀기는 힘들기 때문에 위에서 제시한 가정하여 푸는 방법을 사용합니다.
가정하여 풀기의 핵심은 어떤 것이 다른 것으로 바뀌면 개수가 어떻게 달라지는지를 잘 파악하는 것입니다.

세발자전거와 두발자전거가 모두 25대 있습니다. 자전거의 바퀴를 세어 보니 모두 60개였습니다. 세발자전거는 몇 대 있습니까?

25대가 모두 두발자전거라고 가정하면 바퀴는 50개여야 합니다. 실제 바퀴의 수와 차이가 나는 이유를 생각합니다.

수진이는 퀴즈 대회에 참가하였습니다. 1차 예선에서는 문제를 맞히면 10점을 얻고, 문제를 맞히지 못해도 기본점수인 5점을 얻습니다. 수진이가 10문제를 푼 결과 80점을 얻었다면, 수진이가 맞힌 문제는 몇 문제입니까?

10문제를 모두 틀렸다면 50점이어야 합니다.

2. 저울산

Free FACTO

다음 [그림 1], [그림 2]와 같이 흰색, 검은색, 파란색 공을 올려놓았더니 양팔저울이 평형을 이루었습니다. [그림 3]이 평형을 이루려면 오른쪽에 파란색 공을 몇 개 올려놓아야 합니까?

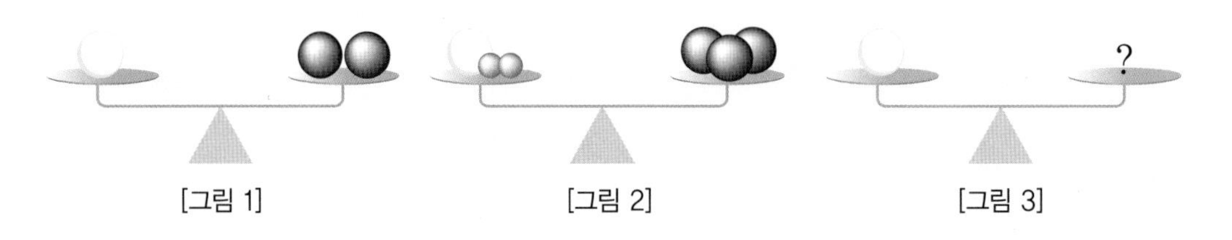

[그림 1] [그림 2] [그림 3]

생각의 흐름

1. [그림 1]에서 알 수 있는 사실을 이용하여 [그림 2]의 왼쪽의 흰색 공을 검은색 공으로 바꾸어 봅니다.

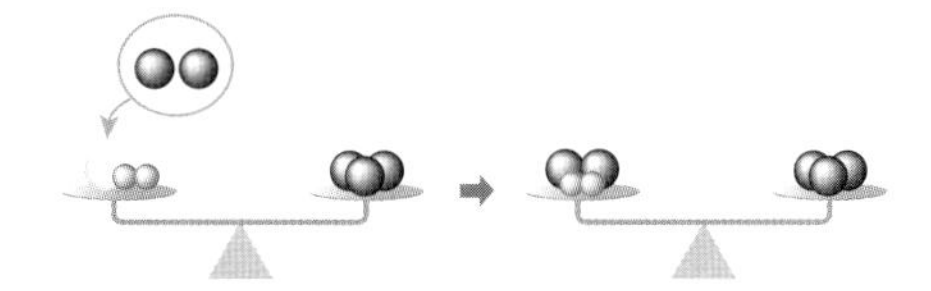

2. 1에서 양팔저울의 양쪽에서 검은색 공을 2개씩 빼어도 평형을 유지합니다.
3. 2에서 알아낸 사실을 이용하여 검은색 공 2개와 무게가 같은 흰색 공 1개는 파란색 공 몇 개와 무게가 같은지 구합니다.

LECTURE 양팔저울의 성질

양팔저울을 관찰해 보면, 양쪽에 같은 무게를 더하거나 빼어도 평형은 유지되고, 양쪽의 무게에 같은 수를 곱하거나 나누어도 역시 평형은 유지되는 것을 알 수 있습니다.
이것은 수학에서 등식의 성질과 완전히 일치합니다. 예를 들어, $12+4=16$이라는 등식을 다음과 같이 계산해 보면 등식이 모두 정확하게 성립합니다.

양쪽에 3을 더하면, $12+4+3=16+3$
양쪽에서 3을 빼면, $12+4-3=16-3$
양쪽에 2를 곱하면, $(12+4)\times2=16\times2$
양쪽을 2로 나누면, $(12+4)\div2=16\div2$

이 성질은 양팔저울 문제뿐만 아니라 중학교에서 배우게 될 방정식에서도 매우 중요한 내용이므로 잘 기억해 두면 좋습니다.

양팔저울은 양쪽에 같은 무게를 더하거나 빼어도, 양쪽에 같은 수를 곱하거나 나누어도 평형을 유지한다는 걸 기억해!

셋째 번 양팔저울의 오른쪽에 몇 개의 ◆를 올려야 평형을 이룹니까?

첫째 번 저울에서 ▲=◆◆인 것을 알 수 있습니다. 이 사실을 둘째 번 저울에 이용합니다.

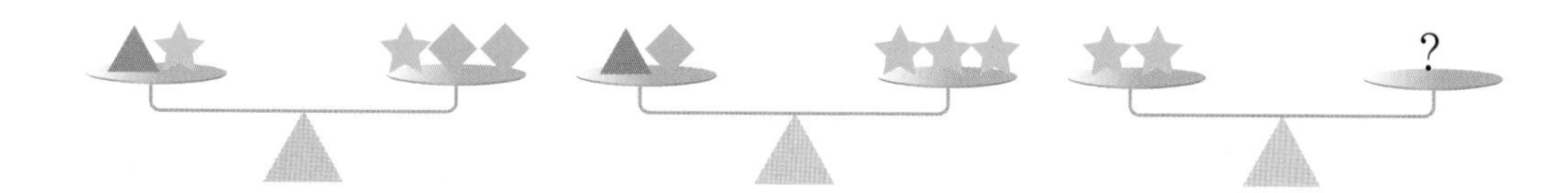

세 종류의 추 A, B, C 가 있습니다. A 한 개의 무게가 8g일 때, 다음 그림을 보고 B 한 개와 C 한 개의 무게를 각각 구하시오.

첫째 번 저울에서 양쪽을 똑같이 절반으로 줄여 봅니다.

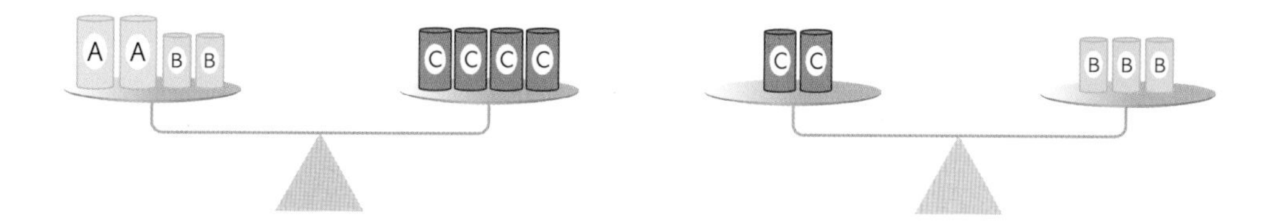

3. 합과 차를 이용한 계산

Free FACTO

나이가 서로 다른 갑, 을, 병 세 사람이 있습니다. 갑과 을의 나이의 합은 11살, 을과 병의 나이의 합은 20살, 갑과 병의 나이의 합은 27살입니다. 세 사람 중 나이가 가장 어린 사람은 몇 살입니까?

생각의 흐름

1 주어진 조건을 이용하여 다음과 같은 식을 쓸 수 있습니다.

갑+을=11
을+병=20
갑+병=27

(갑+을), (을+병), (갑+병)을 모두 더하면 얼마인지 구합니다.

2 1에서 (갑+을+병)이 얼마인지 구한 다음, 이를 이용하여 갑, 을, 병의 나이를 각각 구합니다.

3 세 사람 중 나이가 가장 어린 사람의 나이를 구합니다.

LECTURE 문자를 이용한 식

수학은 말 그대로 '수'를 다루는 학문이지만 수가 아닌 문자를 사용할 필요도 있습니다.
알 수 없는 수가 있을 경우 막연하게 머릿속으로 생각하는 것보다는 그 수를 문자로 표시하여 식을 세워 보면 문자 사이의 관계와 전체 상황을 파악하기가 쉬워집니다.

문자를 사용한 식
$2x=y+1$
$y=x+3$

이와 같이 수 대신에 문자를 사용하는 것을 수를 대신한다고 하여 '대수(代數)'라고 부르며, 수학을 대표하는 주제 중 하나인 방정식이 바로 대수의 좋은 예입니다.
위의 문제에서도 세 사람의 나이를 모르기 때문에 문자를 사용하여 이와 같이 식을 쓰면 문제를 해결하는 실마리가 보이기 시작합니다.

문자를 이용하여 식을 세우면 복잡해 보이는 문제의 실마리가 쉽게 보일 수 있다는 것을 기억해 둬!

배, 감, 사과가 하나씩 있습니다. 이 중에서 두 개씩 저울에 달아 보았더니 무게가 다음과 같았습니다. 배, 감, 사과는 각각 몇 g입니까?

저울 위에 있는 과일을 모두 합쳐서 무게를 달아 봅니다.

길이가 1m인 막대를 두 도막으로 잘랐습니다. 긴 막대가 짧은 막대보다 20cm 길 때, 긴 막대의 길이는 몇 cm입니까?

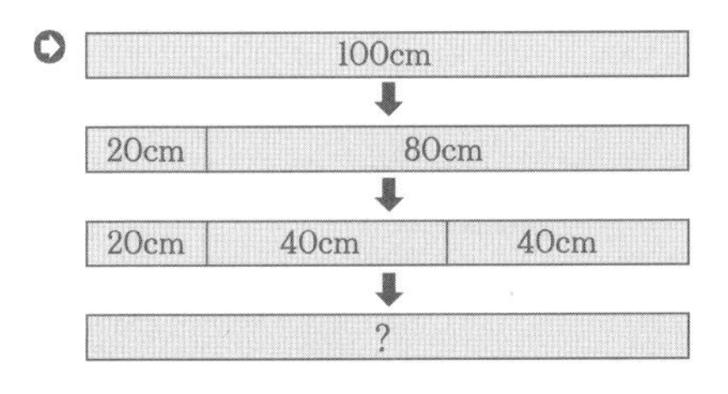

Creative 팩토

응용 01 최 씨는 개, 소, 닭, 말을 모두 합하여 10마리 기르고 있습니다. 어느 날 최 씨가 자기가 기르고 있는 동물들의 다리를 세어 보니 모두 34개였다면, 최 씨가 기르는 닭은 몇 마리입니까?

KeyPoint
10마리 모두 다리가 4개인 가축일 경우 다리의 개수를 생각해 봅니다.

응용 02 연필, 지우개, 볼펜을 양팔저울에 다음과 같이 올려놓았더니 평형을 이루었습니다. 연필 하나의 무게가 10g이라면, 지우개 하나의 무게와 볼펜 하나의 무게는 각각 몇 g입니까?

KeyPoint
둘째 번 저울의 왼쪽에서 (볼펜 1개+지우개 1개)를 연필로 바꾸어 봅니다.

A, B, C 세 아이가 구슬치기를 하고 있습니다. 지금 A는 B보다 구슬을 2개 더 많이 가지고 있고, C는 B보다 구슬을 3개 더 많이 가지고 있습니다. A와 C 중 누가 구슬을 몇 개 더 많이 가지고 있습니까?

Key Point

A는 B보다 구슬이 2개 더 많고, C는 B보다 3개 더 많으므로 A와 C가 가지고 있는 구슬의 개수를 비교합니다.

도영이는 지금 사막 한복판에 서 있습니다. 도영이는 동전을 던져서 앞면이 나오면 북쪽으로 2발짝 가고, 뒷면이 나오면 남쪽으로 1발짝 가기로 했습니다. 5번 동전을 던진 결과 도영이가 원래 있던 곳에서 북쪽으로 1발짝 떨어진 곳에 있다면, 앞면은 모두 몇 번 나왔습니까?

Key Point

5번 모두 뒷면이 나왔다고 가정하면 원래 있던 곳에서 남쪽으로 5발짝 떨어진 곳에 있어야 합니다.

여러 가지 모양의 추들이 있습니다. 다음을 보고, ▲와 ★ 중 어느 추가 더 무거운지 구하시오.

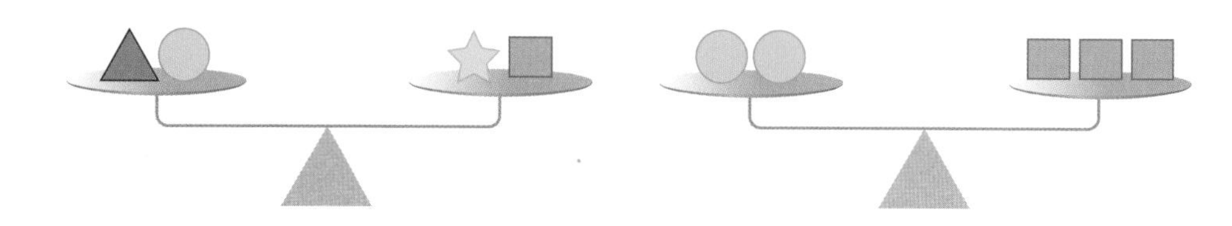

KeyPoint

둘째 번 저울에서 ●가 ■보다 무겁다는 것을 알 수 있습니다.

10명의 학생이 11개의 빵을 먹었는데, 남학생은 한 명이 빵을 2개씩 먹었고, 여학생은 2명이 빵 1개를 나누어 먹었다고 합니다. 남학생은 모두 몇 명입니까?

KeyPoint

10명이 모두 여학생이었다면 빵을 5개 먹었어야 합니다. 2명의 여학생이 2명의 남학생으로 바뀌면 먹는 빵의 개수가 몇 개 늘어나는지 생각합니다.

모빌에서 양쪽이 평형을 이루려면 다음과 같이 중심점으로부터의 거리와 무게의 곱이 같아야 합니다.

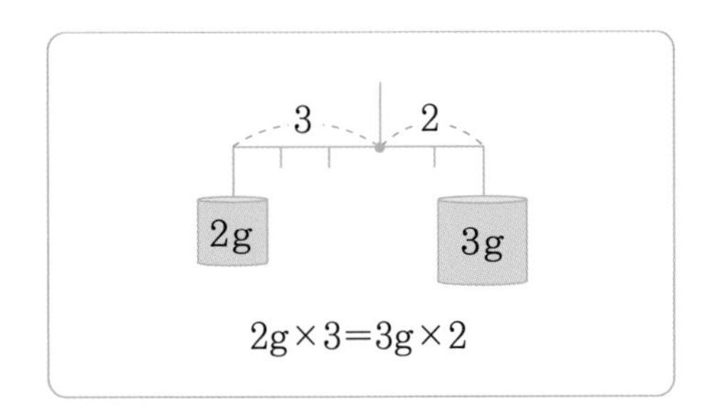

1g, 2g, 3g, 4g, 5g, 6g짜리 추가 하나씩 있는데, 이 중에서 3개의 추를 달아서 다음과 같은 모빌이 완전히 평형을 이루도록 만들려고 합니다. 물음에 답하시오.
(단, 모빌의 무게는 생각하지 않습니다.)

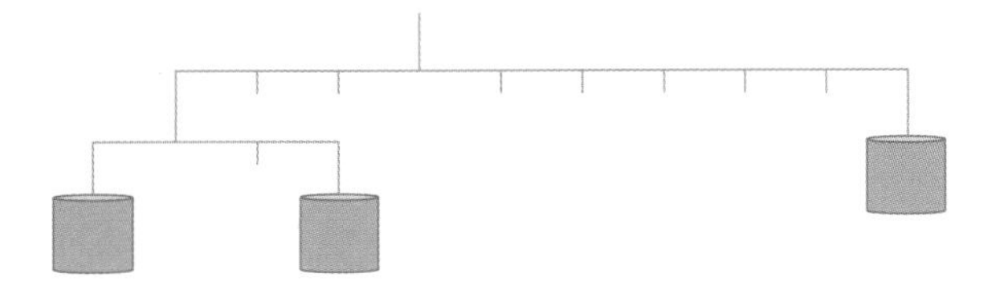

(1) A와 B는 중심점으로부터의 거리가 각각 1, 2입니다. 양쪽이 평형을 이룰 수 있도록 A와 B에 달 수 있는 추의 무게를 모두 고르시오.

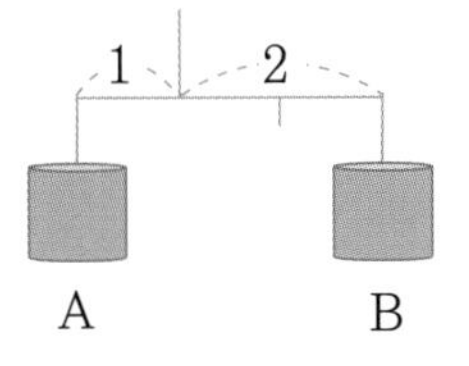

(2) C와 D는 중심점으로부터의 거리가 각각 3, 6입니다. D에 달 수 있는 추의 무게를 구하여 모빌이 평형을 이루도록 만드시오.

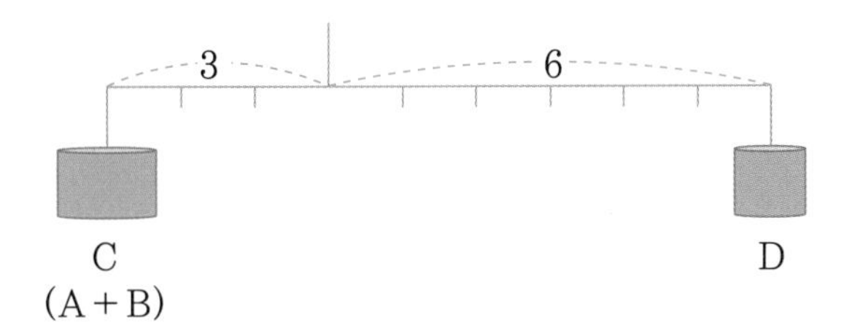

4. 가로수 심기

Free FACTO

길이가 300m인 길에 가로수를 10m 간격으로 심으려고 합니다. 또한 가로수 사이마다 가로등을 하나씩 세우려고 합니다. 가로수와 가로등은 각각 몇 개씩 필요합니까?
(단, 가로수는 길이 시작되는 곳부터 심어야 합니다.)

생각의 흐름

1 길이가 20m인 길에 10m 간격으로 가로수를 심는다고 할 때, 필요한 가로수는 20÷10=2(그루)가 아닙니다. 그 이유를 생각합니다.(가로수의 수를 구할 때, 길이 시작되는 곳부터 심는다는 것에 주의합니다.)

2 가로등은 2그루의 가로수 사이마다 하나씩 있습니다. 가로수 사이의 간격은 모두 몇 개인지 생각하여 가로등의 수를 구합니다.

LECTURE 개수를 세는 문제

개수를 세는 문제에서는 항상 처음과 끝에 주의를 해야 합니다.
예를 들어, 3에서 8까지의 수의 개수를 묻는 간단한 질문에도 8−3=5이므로 5개라고 답하여 틀리는 경우가 있습니다.

3, 4, 5, 6, 7, 8

이러한 실수를 피하는 방법 중 하나는 자신이 생각한 방법이 맞는지 간단한 예를 이용하여 확인하는 것입니다.
즉, 1에서 2까지의 수의 개수는 2개이므로 2−1=1(개)와 같이 계산하면 틀리다는 것을 확인하여 계산 방법을 검토하고 바꿉니다.
위의 가로수 문제와 같이 더 복잡한 경우도 자신이 생각한 방법이 맞는지 간단한 예를 통해 확인한다면 실수를 피할 수 있을 것입니다.

가로수, 숫자 개수 등 개수를 세는 문제에서는 처음과 끝이 포함되는지 포함되지 않는지에 주의해야 해!

길이가 10m인 길에 1m 간격으로 해바라기가 심어져 있고, 해바라기 사이마다 20cm 간격으로 국화가 심어져 있습니다. 이 길에 해바라기와 국화는 각각 몇 송이씩 있습니까? (단, 해바라기는 길이 시작되는 곳에도 심어져 있습니다.)

해바라기와 해바라기 사이에 있는 국화의 수는 5송이가 아닌 것에 주의합니다.

길이가 10m인 통나무를 1m짜리 통나무 10개로 자르려고 합니다. 통나무를 한 번 자르는 데 5분이 걸린다면, 모두 자르는 데 걸리는 시간은 몇 분입니까?

통나무 1개를 2도막으로 자르려면 한 번만 자르면 됩니다.

5. 거꾸로 생각하기

Free FACTO

어떤 수에 1을 더하고, 2를 곱한 다음, 3으로 나누고, 마지막으로 4를 뺐더니 10이 되었습니다. 어떤 수는 무엇입니까?

생각의 흐름

1 다음과 같은 순서로 계산한 것입니다. 거꾸로 계산하면서 빈칸을 알맞게 채워 봅니다.

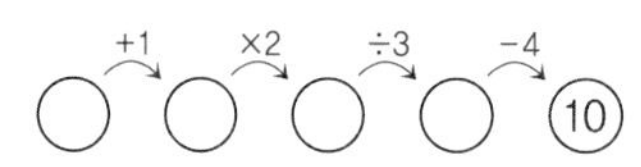

2 어떤 수가 무엇인지 구합니다.

LECTURE 거꾸로 생각하기

중간 과정과 결과를 정확히 알고 있다면 결과로부터 거꾸로 거슬러 올라가서 처음을 알아낼 수 있습니다.
이 때문에 문제의 종류에 상관없이 거꾸로 생각하여 의외로 간단하게 풀 수 있는 문제들이 많이 있습니다.
다음은 인도의 수학자 바스카라가 쓴 「리라버티」라는 책에 있는 문제입니다.

> 아름다운 눈을 가진 아가씨, 내 이야기를 들어 봐요.
> 참새들이 들판에서 놀고 있었는데 두 마리가 더 날아왔다오.
> 그리고 저 푸른 숲에서
> 들판의 참새들의 다섯 배가 되는 참새떼가 날아와서 같이 놀았다오.
> 저녁 노을이 질 무렵,
> 열 마리는 숲으로 돌아가고 남은 스무 마리는 밭에 숨었다오.
> 처음에 놀고 있던 참새는 몇 마리였는지 내게 말해 주오.

이 문제를 잘 살펴보면서 거꾸로 생각해 보면, 처음에 놀고 있던 참새는 3마리인 것을 알 수 있습니다. 바스카라는 리라버티라는 딸을 위해 이 책을 썼다고 하는데, 그래서인지 이처럼 수학 문제라기보다는 아름다운 시로 느껴지는 내용이 많습니다. 바스카라와 같은 마음으로 수학을 공부하는 사람들이 많아졌으면 하는 바람입니다.

중간 과정과 결과를 정확히 알고 있다면 결과로부터 거꾸로 거슬러 올라가서 처음을 알아낼 수 있어!

어떤 수에 3을 곱하고, 3을 더한 다음, 3으로 나누고, 3을 뺐더니 3이 되었습니다. 어떤 수는 무엇입니까?

결과로부터 거꾸로 거슬러 올라가면서 계산해 봅니다.

찬영이는 가지고 있던 빵 중에서 4개를 형에게 주었습니다. 그 다음에 남은 빵의 절반을 동생에게 주었고, 마지막으로 찬영이가 빵을 3개 먹었더니 남은 빵은 1개뿐이었습니다. 찬영이가 처음에 가지고 있던 빵은 몇 개입니까?

마지막에 남은 빵의 개수부터 거꾸로 생각하여 처음의 빵의 개수를 구합니다.

6. 상상력이 필요한 문제들

Free FACTO

빈 병 3개를 가져가면 새 음료수 1병을 주는 가게가 있습니다. 음료수 15병을 살 수 있는 돈으로 마실 수 있는 음료수는 최대 몇 병입니까?

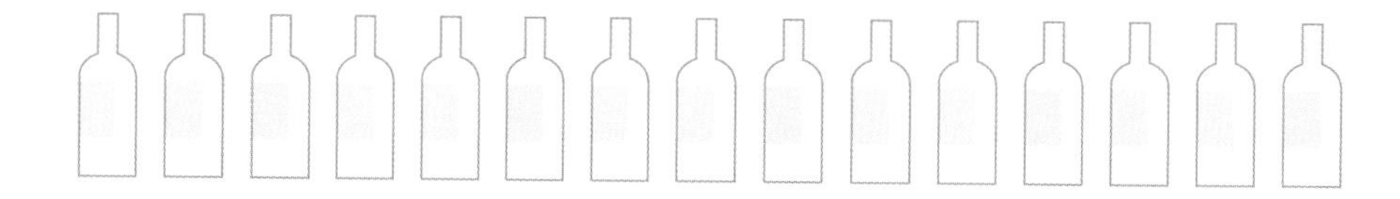

생각의 흐름

1 15병을 모두 마시고 난 후, 빈 병으로 새 음료수를 몇 병 받을 수 있는지 구합니다.

2 1에서 새로 받은 음료수를 마신 후, 남은 빈 병으로 새 음료수를 몇 병 마실 수 있는지 구합니다.

3 2에서 마시고 난 후, 빈 병을 모두 합하여 새 음료수를 몇 병 마실 수 있는지 구합니다.

LECTURE 수학 문제와 상상력

안타까운 일이지만 수학 문제는 학생들의 창의적인 상상력을 가끔 가로막기도 합니다.

예를 들어, 「3개의 귤을 형과 동생이 나누어 먹는 방법은 모두 몇 가지입니까?」라는 문제가 요구하는 답은 '2가지'(형이 1개 먹고 동생이 2개 먹는 방법, 형이 2개 먹고 동생이 1개 먹는 방법)입니다.

하지만 이 문제를 보고 '형이 다 먹거나 동생이 다 먹는 경우도 있지 않을까?' 라고 생각하여 다른 답을 낼 수도 있습니다. 그래서 「단, 한 사람이 3개를 다 먹는 경우는 없다고 생각합니다.」라는 식으로 조건을 붙여도 어떤 학생은 '귤 하나를 반으로 나눠 먹을 수도 있으니까 1.5개씩 나눠 먹는 방법도 있지 않을까?' 라고 생각하기도 합니다.

이와 같이 풍부한 상상력에 모두 대처하다 보면 문제가 지나치게 복잡해지므로 수학 문제에서는 어떠한 정해진 약속을 하고 그 약속 안에서 문제를 푸는 것이 보통입니다.

하지만 수학의 매력은 자유로운 사고와 상상력에 있기도 합니다. 이번 주제의 문제들을 풀어 보면서 잠시나마 상상력을 자유롭게 펼쳐보기를 바랍니다.

수학의 매력은 자유로운 사고와 상상력에 있지. 하지만 수학 문제에서는 정해진 약속 안에서 문제를 풀어야 한다는 것도 기억해 둬!

다음은 틀린 식입니다. 다음 식에 선분을 하나만 그어서 맞는 식으로 고치시오.

100이 넘는 큰 수를 어떻게 만들 수 있을지 생각해 봅니다.

$$1+2-3=139$$

다음과 같이 10개의 동전이 삼각형 모양으로 놓여 있습니다. 이 삼각형의 방향을 반대로 바꾸려면 적어도 몇 개의 동전을 움직여야 합니까?

왼쪽 모양을 오른쪽 모양으로 바꾸면 됩니다. 모양이 같은 부분은 그대로 두고, 나머지 동전을 움직여서 만들어 봅니다.

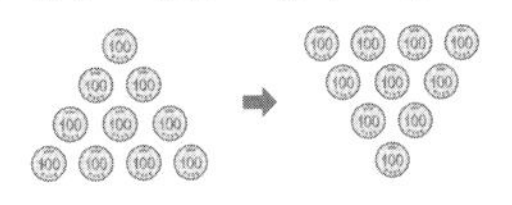

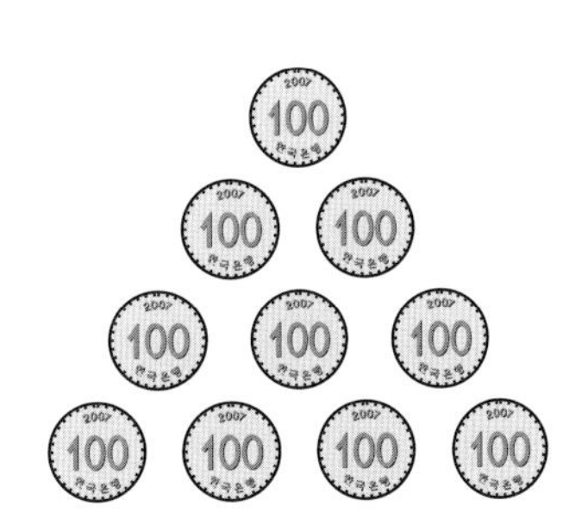

Creative 팩토

둘레가 100m인 호수의 둘레에 5m 간격으로 가로수가 심어져 있고, 가로수 사이에는 긴 의자가 하나씩 있습니다. 가로수와 긴 의자의 개수를 각각 구하시오.

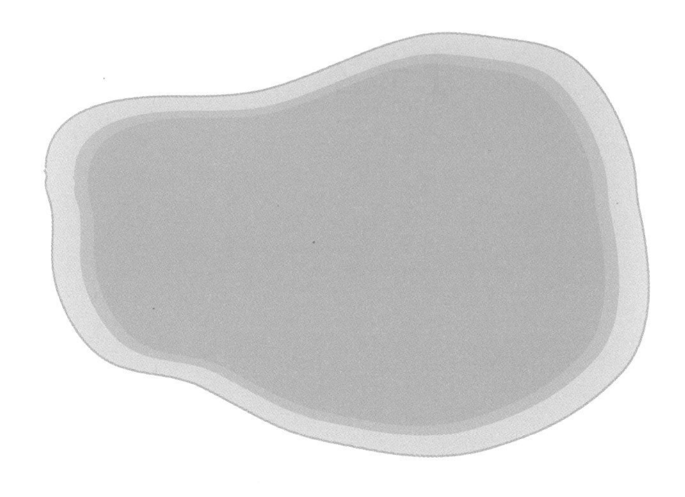

Key Point
호수의 둘레에 가로수를 심을 경우와 길에 가로수를 심을 경우의 차이를 생각합니다.

동현이의 집은 5층이고, 혜인이네 집은 10층입니다. 동현이가 1층에서 자기 집까지 올라가는 데 20분이 걸린다면, 동현이가 1층에서 혜인이네 집까지 올라가는 데 몇 분이 걸리겠습니까? (단, 동현이가 계단을 올라가는 빠르기는 항상 일정합니다.)

Key Point
5층까지 올라가는 것과 10층까지 올라가는 것은 2배 차이가 나지 않습니다.

수직선 위에 8부터 시작하여 40까지 점 사이의 간격이 모두 2가 되도록 점을 찍었습니다. 모두 몇 개의 점을 찍었습니까?

8 10 12 … 38 40

KeyPoint
8에서 40까지 점 사이의 간격이 몇 개 있는지 생각하고, 간격의 개수와 점의 개수의 차이에 주의합니다.

떡장수 할머니가 집에 가기 위해서는 고개를 3개 넘어야 합니다. 그런데 집에 갈 때 고개마다 호랑이가 나타나, 할머니가 갖고 있는 떡의 절반을 주지 않으면 잡아먹겠다고 합니다. 할머니는 호랑이의 요구를 모두 들어주었지만, 떡 2개를 끝까지 남겨서 2명의 손녀에게 하나씩 줄 수 있었습니다. 할머니가 고개를 넘기 전에 가지고 있던 떡은 몇 개입니까?

KeyPoint
마지막에 남은 개수부터 거꾸로 생각해 봅니다.

현주, 경미, 지우 세 사람이 가지고 있는 돈의 액수는 모두 다릅니다. 현주가 경미에게 3천 원을 빌려 주고, 경미가 지우에게 2천 원을 빌려 주고, 지우가 현주에게 3천 원을 빌려 주었더니 세 사람이 가진 돈은 똑같이 5천 원이 되었습니다. 세 사람이 처음에 가지고 있던 돈은 각각 얼마입니까?

Key Point
마지막 상태에서 거꾸로 거슬러 올라가면서 가진 돈의 액수를 정리합니다.

1분에 빵을 10개씩 만들 수 있는 빵 굽는 기계가 있습니다. 이와 같은 기계 20대로 200개의 빵을 만드는 데 걸리는 시간은 몇 분입니까?

Key Point
기계 1대가 몇 개의 빵을 만들어야 하는지 생각해 봅니다.

몇 명의 여자가 식사를 하고 있습니다. 이 중에서 2명의 어머니는 각자의 딸에게 선물을 하고, 2명의 딸은 각자의 어머니에게서 선물을 받았습니다. 식사를 하고 있는 사람은 최소 몇 명입니까?

Key Point
식사를 하고 있는 사람은 4명보다 적을 수 있습니다.

책상 위에 다음과 같이 동전 3개가 놓여 있고, 한가운데에 있는 동전만 앞면이 나와 있습니다. 이 세 동전을 움직이지 않고, 한가운데에 있는 동전의 뒷면이 나오도록 하는 방법을 설명하시오.

Key Point
'한가운데'의 의미를 생각합니다.

Thinking 팩토

소영이와 승준이는 같은 수의 연필을 가지고 있었는데, 소영이가 승준이에게 연필 10자루를 주었더니 승준이가 가진 연필은 소영이가 가진 연필의 2배가 되었다고 합니다. 두 사람이 가지고 있는 연필은 모두 몇 자루입니까?

다음과 같이 양팔저울 위에 작은 양팔저울을 올려놓았더니 두 양팔저울은 모두 평형을 이루었습니다. 공을 제외한 작은 양팔저울의 무게는 흰색 공 몇 개의 무게와 같습니까?

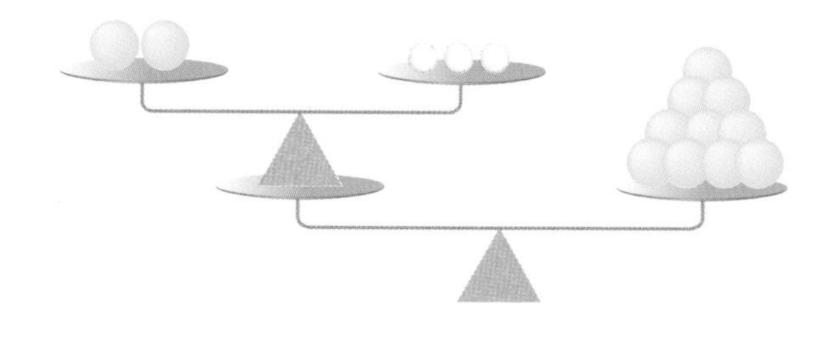

A와 B가 가위바위보를 해서 이긴 사람은 3점을 얻고, 진 사람은 1점을 얻기로 했습니다. 1시간 동안 가위바위보를 한 결과 A는 16점이 되었고, B는 24점이 되었습니다. 물음에 답하시오.(단, 비긴 경우는 없습니다.)

(1) 가위바위보를 한 번 할 때마다 A와 B의 점수의 합은 몇 점씩 올라갑니까?

(2) A와 B의 점수의 합을 이용하여 가위바위보를 모두 몇 번 했는지 구하시오.

(3) A는 모두 몇 번 이겼습니까?

길이가 20m인 통나무 2개가 있습니다. 이 두 통나무로 다음과 같은 작업을 하려면 모두 몇 분이 걸리는지 구하려고 합니다. 물음에 답하시오.

- 통나무를 잘라서 길이가 4m인 도막 10개를 만들어야 합니다.
- 통나무를 한 번 자르는 데 5분이 걸립니다.
- 통나무를 자르는 일은 매우 힘들기 때문에, 한 번 자르고 나면 1분 동안 쉬어야 합니다.

(1) 통나무는 모두 몇 번 잘라야 합니까? 그림을 그려서 설명하시오.

(2) 통나무를 자르는 데 걸리는 시간은 몇 분입니까?

(3) 쉬는 시간을 모두 더하면 몇 분입니까?

(4) 작업을 끝내려면 모두 몇 분이 걸립니까?

다음 옛날이야기를 읽고, 물음에 답하시오.

> 옛날에 우애가 깊은 형과 아우가 있었는데, 두 사람은 각자의 창고에 쌀을 보관하고 있었습니다.
> 어느 날 밤, 형은 아우의 쌀이 적은 것을 걱정하여 아우가 가진 만큼의 쌀을 몰래 아우의 창고에 넣었습니다. 그 다음 날 밤, 아우도 역시 형의 쌀이 적다고 걱정하고 형이 가진 만큼의 쌀을 몰래 형의 창고에 넣었습니다. 또 그 다음날 밤, 형은 여전히 아우의 쌀이 적은 것을 이상하게 여기며 다시 아우가 가진 만큼의 쌀을 아우의 창고에 넣었습니다.
> 그 결과, 두 사람은 똑같이 8가마니의 쌀을 창고에 가지게 되었습니다.

형과 아우가 처음에 가지고 있던 쌀은 각각 몇 가마니입니까?

어떤 가게에서 콜라를 1병에 500원에 팔고 있습니다. 이 가게에 빈 병 2개를 가져가면 200원을 주고, 빈 병 4개를 가져가면 새 콜라 1병을 줍니다. 5800원으로 콜라를 몇 병까지 마실 수 있습니까?

Memo

영재학급, 영재교육원, 경시대회 준비를 위한

창의사고력 초등 수학 팩토

바른 답
바른 풀이

Lv. 4

응용 B

영재학급, 영재교육원, 경시대회 준비를 위한

창의사고력 초등 수학 팩토

바른 답
바른 풀이

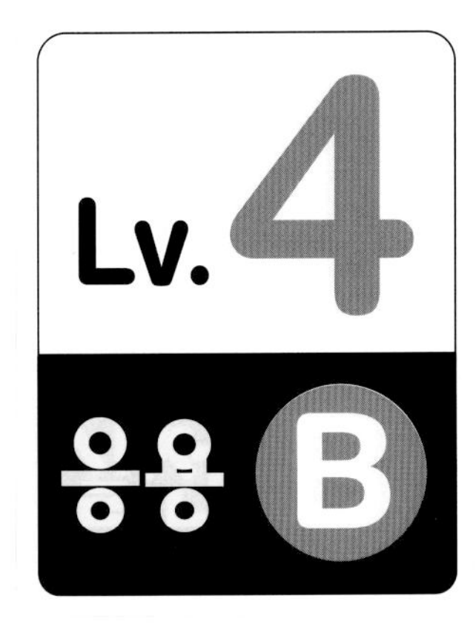

Ⅵ 수론

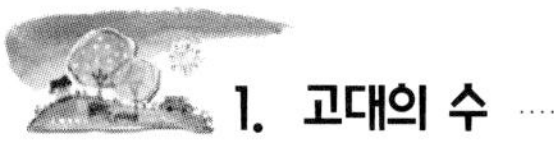

1. 고대의 수 ······ P.8

Free FACTO

[풀이] 홀수째 번 자리와 짝수째 번 자리를 나누어 수를 나타냅니다. 이때, 홀수째 번 자리나 짝수째 번 자리의 숫자가 연달아 나오면 사이에 0이 있어야 합니다.

<table>
<tr><td>고대 중국의 수</td><td>||||| |||||</td><td>||||| ≣ |||||</td><td>||||| ||||| |||||</td></tr>
<tr><td>현대의 수</td><td>505</td><td>555</td><td>50505</td></tr>
</table>

홀수째 번 자리와 짝수째 번 자리를 나누지 않으면 위에서 구한 것과 같은 50505와 555를 구별할 수 없습니다. 따라서 홀수째 번 자리와 짝수째 번 자리의 숫자를 나누어 쓰면 이를 구별할 수 있습니다.

[답] 풀이 참조

[풀이] 숫자를 그대로 써서 홀수째 번 자리 또는 짝수째 번 자리가 연달아 나오면 그 사이에 0을 넣습니다. 이러한 규칙대로 고대 중국의 수를 현대의 수로 나타내면 다음과 같습니다.

(1) 5 0 3 3

(2) 6 2 3 0 7

(3) 8 0 9 0 5

(4) 2 6 2 0 1 9

[답] (1) 5033 (2) 62307 (3) 80905 (4) 262019

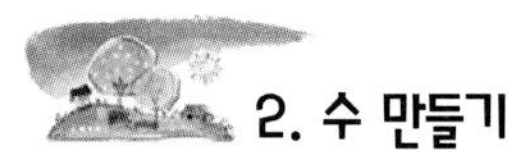

2. 수 만들기 ······ P.10

Free FACTO

[풀이] 0, 1, 2, 3으로 만들 수 있는 가장 작은 수는 1023입니다. 0, 1, 2, 3으로 만들 수 있는 네 자리 수를 가장 작은 수부터 차례로 나열하면

1023 − 1032 − 1203 − 1230 − 1302 − 1320 − 2013 − 2031 − ⋯

이므로 2031은 여덟째 번 수입니다.

[답] 여덟째 번

[풀이] 2, 0, 7, 5 중에서 서로 다른 3장을 뽑아 만들 수 있는 세 자리 수를 가장 큰 수부터 차례로 나열하면

752－750－725－720－…

이므로 넷째 번으로 큰 수는 720입니다.

[답] 720

[풀이] 0, 9, 8, 5, 3, 2, 6으로 만들 수 있는 일곱 자리 수를 가장 작은 수부터 차례로 나열하면

2035689－2035698－2035869－2035896－…

이므로 넷째 번으로 작은 수는 2035896입니다. 따라서 천의 자리 숫자는 5입니다.

[답] 5

3. 큰 수 P.12

Free FACTO

[풀이] 네 자리씩 끊어진 자리 이름을 쓰고, 다음과 같이 표를 만들어 자리에 맞게 수를 써넣습니다. 빈칸은 0으로 채웁니다.

			조				억				만				일
5	0	0	5	0	0	0	0	0	0	0	5	0	0	0	5

따라서 0은 12번 씁니다.

[답] 12번

[풀이] 네 자리씩 끊어진 자리 이름을 쓰고, 다음과 같이 표를 만들어 자리에 맞게 수를 쓰고 빈칸을 0으로 채웁니다. 이때, 가장 앞자리에는 0을 채우지 않습니다.

			조				억				만				일
	2	0	0	0	0	0	0	0	0	0	0	3	0	0	1

따라서 0은 12번 나옵니다.

[답] 12번

[풀이] 만 원짜리 지폐 100장은 10000×100=1000000(원)입니다. 따라서 천억 원을 만 원짜리 지폐 100장씩으로 나누면 100000000000÷1000000=100000(묶음)입니다.

한 묶음의 두께가 2cm이므로 100000묶음은 200000cm입니다.

200000cm=2000m이므로 1950m인 한라산 높이와 가장 가깝습니다.

[답] ⑤

Creative 팩토 P.14

[풀이] |은 1, ∩은 10, ୨은 100, 𓆼은 1000을 나타냅니다.

𓆼𓆼𓆼 ୨୨୨୨ ∩∩ ||||| $=1000\times3+100\times4+10\times2+5$

$=3000+400+20+5$

$=3425$

따라서 그림은 소 3425마리를 나타낸 것입니다.

[답] 3425마리

[풀이] 1조는 1에 0을 12개 붙여야 합니다.

① 9900억+100억 =990000000000+10000000000 = 1000000000000

② 10억×1000 =1000000000×1000 = 1000000000000

③ 100만×1000만 =1000000×10000000 = 10000000000000

④ 5000억×2 =500000000000×2 = 1000000000000

⑤ 1000000000000 = 1000000000000

나머지는 모두 1조를 말하고 있지만 ③은 10조를 말하고 있습니다.

[답] ③

P.15

[풀이] 7AB9C인 수 중에서 79983보다 크려면 A=9, B=9이어야 합니다. 따라서 7999C인 수는 79983보다 항상 크므로 조건에 맞는 가장 작은 수는 C=0일 때이고, 가장 큰 수는 C=9일 때입니다. 따라서 조건에 맞는 수는 79990부터 79999까지 10개입니다.

[답] 10개

[풀이] 백만 자리 숫자가 2인 아홉 자리 수를 가장 작은 수부터 차례로 써 보면

102345678－102345679－102345687－···

이므로 셋째 번으로 작은 수는 102345687이고 사용되지 않은 숫자는 9입니다.

[답] 9

P.16

[풀이] 1, 3, 0, 4, 9, 6을 사용하여 만들 수 있는 가장 작은 수는 103469입니다. 3이 천의 자리에 있으므로 3이 나타내는 수는 3000입니다.

[답] 3000

[풀이] 0에서 9까지의 숫자를 한 번씩 사용하여 69억을 만들 수는 없으므로 69억보다 크거나 작은 수를 만들어야 합니다.

69억보다 큰 수 중에서 69억에 가장 가까운 수는 6901234578이고,

69억보다 작은 수 중에서 69억에 가장 가까운 수는 6897543210입니다.

6901234578－6900000000=1234578이고, 6900000000－6897543210=2456790이므로

6901234578이 69억에 더 가까운 수입니다.

따라서 천의 자리 숫자는 4입니다.

[답] 4

P.17

[풀이] 숫자 카드에 6이 없으므로 십만 자리의 숫자가 5인 수 중에서 가장 큰 수, 십만 자리의 숫자가 7인 수 중에서 가장 작은 수를 만들어 650000과 크기를 비교해 봅니다.
십만 자리의 숫자가 5인 수 중에서 가장 큰 수는 587210이고,
십만 자리의 숫자가 7인 수 중에서 가장 작은 수는 701258입니다.
650000－587210=62790이고, 701258－650000=51258이므로 701258이 650000에 더 가까운 수입니다.
[답] 701258

[풀이] (1) 천조의 자리가 5인 수 중에서 가장 큰 수는 천조의 자리에 5를 쓰고 남은 숫자를 큰 숫자가 앞에 오도록 쓰면 됩니다.

			조				억				만				일
5	9	9	8	8	7	7	6	6	5	4	4	3	3	2	2

(2) 십조의 자리가 7인 수 중에서 가장 작은 수는 십조의 자리에 7을 쓰고 남은 숫자를 작은 숫자가 앞에 오도록 쓰면 됩니다.

			조				억				만				일
1	1	7	2	2	3	3	4	4	5	5	6	6	7	8	8

[답] (1) 5998877665443322 (2) 1172233445566788

4. 숫자의 개수 P.18

Free FACTO

[풀이] 1부터 120까지의 수를 한 자리 수, 두 자리 수, 세 자리 수로 나누어 숫자의 개수를 수하면 다음과 같습니다.
한 자리 수는 1에서 9까지로 숫자는 9개입니다.
두 자리 수는 10에서 99까지로 수는 90개이고, 숫자는 $90\times2=180$(개)입니다.
세 자리 수는 100에서 120까지로 수는 21개이고, 숫자는 $21\times3=63$(개)입니다.
따라서 숫자는 모두 $9+180+63=252$(개)입니다.
[답] 252개

[풀이] 숫자 키보드는 숫자의 개수만큼 쳐야 합니다.
1부터 50까지의 수를 한 자리 수, 두 자리 수로 나누어 숫자의 개수를 구하면 다음과 같습니다.
한 자리 수는 1에서 9까지로 숫자는 9개입니다.
두 자리 수는 10에서 50까지로 수는 41개이고, 숫자는 $41\times2=82$(개)입니다.
따라서 숫자는 모두 $9+82=91$(개)이므로 숫자 키보드를 모두 91번 쳐야 합니다.
[답] 91번

[풀이] 0이 들어가는 두 자리 수는 10, 20, 30, …, 90으로 0이 9개 있습니다.
또, 100에는 0이 2개 있으므로 0은 모두 11번 나옵니다.
[답] 11번

5. 조건과 수 P.20

Free FACTO

[풀이] 각 자리 숫자가 홀수이고, 각 자리 숫자가 모두 다르므로 1, 3, 5, 7, 9를 한 번씩 사용해야 합니다. 95000보다 큰 수이므로 만의 자리에는 9가 들어가야 하고, 백의 자리 숫자에 0이 아닌 어떤 수를 곱하여도 그 곱이 어떤 수가 되므로 백의 자리의 숫자는 1입니다.

만	천	백	십	일
9		1		

일의 자리와 백의 자리 숫자의 합은 십의 자리와 천의 자리 숫자의 합과 같으므로 1, 3, 5, 7에서 1을 포함하는 두 수의 합이 다른 두 수의 합과 같으려면 (1, 7), (3, 5)가 되어야 됩니다.

만	천	백	십	일
9	5	1	3	7

따라서 일의 자리 숫자는 7이고, 95000보다 큰 수이므로 천의 자리에는 5, 십의 자리에는 3이 들어가야 합니다.
[답] 95137

[풀이] 조건 ①에서 3000보다 크고 4000보다 작은 수이므로 천의 자리 숫자는 3입니다.또, 조건 ②에서 백의 자리 숫자에 어떤 수를 곱하여도 그 곱이 0이므로 백의 자리 숫자는 0입니다.

천	백	십	일
3	0		

조건 ④에서 구하는 수는 5로 나누어떨어지고 홀수이므로 일의 자리 숫자는 5입니다.

천	백	십	일
3	0	8	5

또, 조건 ③에서 십의 자리 숫자는 나머지 각 자리 숫자의 합이므로 $3+0+5=8$입니다.
[답] 3085

[풀이] 5700보다 크고 6200보다 작으므로 가능한 수는
57○○, 58○○, 59○○, 60○○, 61○○입니다.
위의 5가지 경우에서 각각의 십의 자리에는 0, 1이 들어갈 수 있고, 일의 자리에는 8, 9가 들어갈 수 있습니다.
5가지 경우마다 십의 자리에 들어갈 수 있는 숫자는 2가지, 일의 자리에 들어갈 수 있는 숫자는 2가지가 있으므로 조건을 만족하는 수는 $5\times2\times2=20$(개)입니다.
[답] 20개

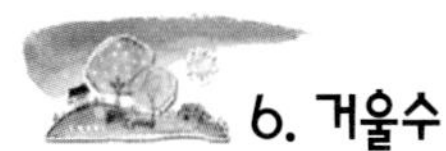

6. 거울수 P.22

Free FACTO

[풀이] 세 자리 수 중에서 가장 작은 거울수는 101입니다. 그 다음 작은 거울수는 111입니다. 일의 자리와 백의 자리의 숫자가 1일 때, 십의 자리에는 0부터 9까지 들어갈 수 있으므로 거울수가 10개 있습니다.
일의 자리와 백의 자리의 숫자가 2일 때에도 십의 자리에는 0부터 9까지 들어갈 수 있으므로 거울수가 10개 있습니다.
같은 규칙으로 거울수를 찾으면 일의 자리와 백의 자리의 숫자가 1부터 9까지가 될 수 있으므로 9가지 경우가 있고, 각 경우마다 십의 자리에는 0부터 9까지의 숫자가 들어갈 수 있으므로 $9 \times 10 = 90$(개)의 거울수가 있습니다.
[답] 90개

[풀이] 일의 자리와 백의 자리의 숫자가 1일 때, 십의 자리에는 0부터 9까지 들어갈 수 있으므로 대칭수가 10개 있습니다. 일의 자리와 백의 자리의 숫자가 2일 때에도 십의 자리에는 0부터 9까지 들어갈 수 있으므로 대칭수가 10개 있습니다.
따라서 20째 번 대칭수는 백의 자리와 일의 자리 숫자가 2인 대칭수 중에서 가장 큰 수인 292입니다.
[답] 292

[풀이] 두 자리 수 1개로 네 자리의 거울수 1개를 만들 수 있습니다. 예를 들어, 두 자리 수 12로는 네 자리의 거울수 1221을 만들 수 있습니다.
따라서 두 자리 수의 개수와 네 자리 거울수의 개수는 같습니다. 두 자리 수는 10에서 99까지 $99 - 10 + 1 = 90$(개)이므로 네 자리의 거울수도 90개입니다.
[답] 90개

Creative 팩토 P.24

[풀이] 이 수의 숫자의 개수는 1에서 100까지의 수에 쓰인 숫자의 개수와 같습니다. 1부터 100까지의 수를 한 자리 수, 두 자리 수, 세 자리 수로 나누어 숫자의 개수를 구하면 다음과 같습니다.
한 자리 수는 1에서 9까지로 숫자는 9개입니다.
두 자리 수는 10에서 99까지로 수는 90개이고, 숫자는 $90\times2=180$(개)입니다.
세 자리 수는 100으로 숫자는 3개입니다.
따라서 숫자는 모두 $9+180+3=192$(개)입니다.
[답] 192개

[풀이] 천의 자리 숫자는 7, 일의 자리 숫자가 5이므로 십의 자리에는 6에서 8까지의 숫자가 들어갈 수 있습니다.

천	백	십	일
7			5

십의 자리 숫자가 6일 때, 백의 자리 숫자는 7, 8, 9
십의 자리 숫자가 7일 때, 백의 자리 숫자는 8, 9
십의 자리 숫자가 8일 때, 백의 자리 숫자는 9
조건에 맞는 수는 7765, 7865, 7965, 7875, 7975, 7985로 6개입니다.
[답] 6개

.... P.25

[풀이] 494보다 큰 대칭수 중 349와의 차가 가장 작은 수는 세 자리의 대칭수를 차례로 늘어놓을 때 494의 다음에 나오는 대칭수입니다.
494가 백의 자리와 일의 자리 숫자가 4인 대칭수 중에서 가장 큰 수이므로 다음에 나오는 수는 백의 자리와 일의 자리 숫자가 5인 대칭수 중에서 가장 작은 수인 505입니다.
[답] 505

[풀이] 1부터 200까지의 수 중에서
(i) 일의 자리 숫자만 0인 수: 18개
10, 20, 30, 40, 50, 60, 70, 80, 90, 110, 120, 130, 140, 150, 160, 170, 180, 190
(ii) 십의 자리 숫자만 0인 수: 9개
101, 102, 103, 104, 105, 106, 107, 108, 109
(iii) 일의 자리, 십의 자리 숫자가 모두 0인 수
100, 200
따라서 숫자 0은 모두 $18+9+4=31$(번) 써야 합니다.
[답] 31번

P.26

[풀이] 다섯 자리 수로 각 자리의 숫자들이 모두 다르고 5보다 작으므로 각 자리의 숫자는 0, 1, 2, 3, 4가 되어야 합니다. 또한, 백의 자리 숫자에 어떤 수를 곱하여도 0이 되므로 백의 자리 숫자는 0이고, 2로 나누면 나머지가 1이므로 홀수입니다.
따라서 일의 자리에는 1 또는 3이 와야 합니다.
그런데 일의 자리의 숫자가 십의 자리의 숫자보다 2만큼 크므로 일의 자리에는 3, 십의 자리에는 1이 와야 합니다.
천의 자리 숫자는 만의 자리 숫자보다 2만큼 크므로 천의 자리 숫자는 4, 만의 자리 숫자는 2가 되어야 합니다.

만	천	백	십	일
		0	1	3

만	천	백	십	일
2	4	0	1	3

[답] 24013

[풀이] 50부터 1500까지의 수를 두 자리 수, 세 자리 수, 네 자리 수로 나누어 숫자의 개수를 구하면 다음과 같습니다.
두 자리 수는 50에서 99까지 $99-50+1=50$(개)이고, 숫자는 $50\times2=100$(개)입니다.
세 자리 수는 100에서 999까지 $999-100+1=900$(개)이고, 숫자는 $900\times3=2700$(개)입니다.
네 자리 수는 1000에서 1500까지 $1500-1000+1=501$(개)이고, 숫자는 $501\times4=2004$(개)입니다.
따라서 숫자는 모두 $100+2700+2004=4804$(개)입니다.
[답] 4804개

P.27

[풀이] (1) 74 $\xrightarrow{\text{1단계}}$ $74+47=121$

(2) 806 $\xrightarrow{\text{1단계}}$ $806+608=1414$ $\xrightarrow{\text{2단계}}$ $1414+4141=5555$

(3) 572 $\xrightarrow{\text{1단계}}$ $572+275=847$ $\xrightarrow{\text{2단계}}$ $847+748=1595$ $\xrightarrow{\text{3단계}}$ $1595+5951=7546$

$\xrightarrow{\text{4단계}}$ $7546+6457=14003$ $\xrightarrow{\text{5단계}}$ $14003+30041=44044$

[답] (1) 1단계 거울수　(2) 2단계 거울수　(3) 5단계 거울수

Thinking 팩토

P.28

[풀이] 조건 ①에서 일곱 자리 수 중에서 가장 큰 수는 9999999입니다.
조건 ②에서 백만의 자리 숫자는 일의 자리 숫자의 3배이므로 일의 자리의 숫자는 3입니다.
따라서 9999993입니다.
조건 ③에서 0이 4개이므로 십의 자리부터 만의 자리까지의 9를 0으로 바꾸면 9900003입니다.
[답] 9900003

[풀이] 0, 1, 2, 4, 6을 두 번씩 사용하여 만들 수 있는 열 자리 수 중 가장 큰 수는 6644221100입니다.
0, 1, 2, 4, 6을 두 번씩 사용하여 만들 수 있는 열 자리 수를 가장 작은 수부터 차례로 나열하면
1001224466－1001224646－1001224664－ ···
이므로 셋째 번으로 작은 수는 1001224664입니다.
따라서 두 수의 차는 6644221100－1001224664＝5642996436입니다.
[답] 5642996436

P.29

[풀이] 1부터 9까지의 숫자의 개수는 9개입니다. 따라서 10부터 141개의 숫자를 더 써야 합니다.
10부터 80까지의 수의 개수가 71개이므로 숫자의 개수는 $71\times2=142$(개)입니다.
따라서 1부터 80까지의 수를 쓰면 $9+142=151$(개)의 숫자를 쓰게 됩니다.
1234···787980···에서 0이 151째 번의 숫자이므로 150째 번의 숫자는 8입니다.
[답] 8

[풀이] 이 수는 10의 배수이므로 일의 자리 숫자가 0입니다.
앞의 자리의 숫자에 2를 더하면, 다음 자리의 숫자가 되므로 만의 자리 숫자가 짝수이면 천, 백, 십의 자리의 숫자도 짝수, 만의 자리 숫자가 홀수이면 그 다음 자리의 숫자도 홀수가 됩니다.
그런데 각 자리의 숫자 중에 5가 없으므로 만의 자리 숫자는 짝수입니다.
만의 자리 숫자가 2이면 천의 자리 숫자는 4, 백의 자리 숫자는 6, 십의 자리 숫자는 8이 됩니다.
만의 자리 숫자가 2보다 크면 십의 자리 숫자가 나오지 않습니다.
따라서 재우와 상희가 말하고 있는 수는 24680입니다.
[답] 24680

P.30

[풀이] | 은 1, ∩은 10, ϙ은 100을 나타냅니다.

(1) ϙϙ∩∩∩|||||| $=2\times100+3\times10+6\times1=200+30+6=236$

ϙϙϙϙϙ∩∩∩∩∩|||||||| $=5\times100+5\times10+8\times1=500+50+8=558$

ϙϙϙϙϙϙ||||||| $=6\times100+7\times1=600+7=607$

(2) $87=8\times10+7\times1=$ ∩∩∩∩∩∩∩∩|||||||

$196=1\times100+9\times10+6\times1=$ ϙ∩∩∩∩∩∩∩∩∩||||||

$434=4\times100+3\times10+4\times1=$ ϙϙϙϙ∩∩∩||||

(3) 𓍢𓍢∩∩∩||||=234이고 𓍢𓍢𓍢𓍢𓍢∩∩∩∩∩∩∩|||||||=577이므로 234+577=811입니다.

811을 이집트 수로 나타내면 𓍢𓍢𓍢𓍢𓍢𓍢𓍢𓍢∩|입니다.

[답] (1) 236, 558, 607

(2) ∩∩∩∩∩∩∩∩|||||||, 𓍢∩∩∩∩∩∩∩∩∩||||||, 𓍢𓍢𓍢𓍢∩∩∩||||

(3) 𓍢𓍢𓍢𓍢𓍢𓍢𓍢𓍢∩|

P.31

[풀이] 1부터 200까지의 짝수를 한 자리 수, 두 자리 수, 세 자리 수로 나누어 숫자의 개수를 구하면 다음과 같습니다.
한 자리의 짝수는 2, 4, 6, 8로 숫자는 4개입니다.
두 자리의 짝수는 10, 12, 14, ⋯, 94, 96, 98로 45개이고, 숫자는 45×2=90(개)입니다.
세 자리의 짝수는 100, 102, 104, ⋯, 196, 198, 200으로 51개이고, 숫자는 51×3=153(개)입니다.
따라서 숫자는 모두 4+90+153=247(개)이므로 247번 써야 합니다.
[답] 247번

[풀이] 3의 배수가 되려면 각 자리의 숫자의 합이 3의 배수가 되어야 합니다.
다음 표에서 백의 자리 숫자가 1부터 9까지일 때, 십의 자리에 들어갈 수 있는 수를 구해 보면 모두 30개입니다.

백의 자리 숫자	십의 자리 숫자	일의 자리 숫자
1	1, 4, 7	1
2	2, 5, 8	2
3	0, 3, 6, 9	3
4	1, 4, 7	4
5	2, 5, 8	5
6	0, 3, 6, 9	6
7	1, 4, 7	7
8	2, 5, 8	8
9	0, 3, 6, 9	9

[답] 30개

Ⅶ 논리추론

1. 홀수와 짝수의 성질 P.34

Free FACTO

[풀이] 고리가 5개 들어갔으므로 모두 3점에 들어갔더라도 최소한 15점은 되어야 하고, 모두 7점에 들어갔다면 $5\times7=35$점이므로 35점을 넘을 수는 없습니다. 따라서 ①과 ⑤는 답이 될 수 없습니다.
막대에 쓰인 점수는 모두 홀수이고, 5번은 홀수 번입니다. 홀수끼리 홀수 개를 더해서 짝수가 나올 수는 없으므로 따라서 짝수인 ②와 ③은 답이 될 수 없습니다.
따라서 지웅이가 얻을 수 있는 점수의 합은 29점입니다.
[답] ④

[풀이] 홀수끼리 홀수 개 더한 값은 항상 홀수이므로 주어진 13개의 홀수 중에서 5개를 골라 그 합이 짝수인 30이 되게 만들 수 없습니다.
[답] 풀이 참조

[풀이] 주어진 식에서 홀수는 1, 3, 5로 세 개이고 짝수는 2, 4로 두 개입니다. 홀수끼리 홀수 개 더하거나 빼면 그 값은 홀수가 되고, 짝수끼리는 더하거나 빼도 짝수가 되므로 1, 3, 5는 서로 더하거나 빼도 홀수가 되고, 2, 4는 서로 더하거나 빼도 짝수가 됩니다. 그리고 홀수와 짝수를 더하거나 빼면 홀수가 되므로 짝수인 4를 만들 수 없습니다.
[답] 풀이 참조

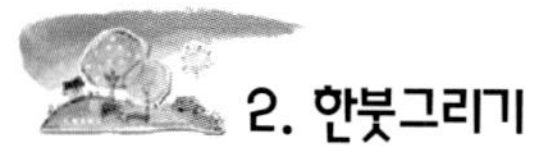

2. 한붓그리기 P.36

Free FACTO

[풀이] 가장 빠른 방법으로 가려면 길을 중복되지 않게 지나면 됩니다. 중복되지 않도록 가려면 한붓그리기가 되어야 하는데, A 지점과 C 지점은 홀수점이므로 A 지점과 C 지점에서 한붓그리기가 가능합니다. 따라서 A 지점에서 출발하면 C 지점까지 모든 길을 중복되지 않게 지날 수 있지만, B 지점에서 출발하면 한붓그리기가 불가능하므로 모든 질을 지나 C 지점에 도착하기 위해서는 중복하여 지나는 길이 생기게 됩니다.
[답] 진호

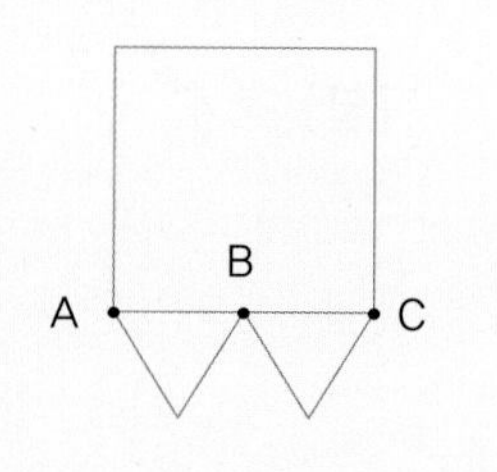

[풀이] 홀수점이 없거나 2개일 때, 한붓그리기가 가능합니다. 홀수점의 개수를 세어 보면

① 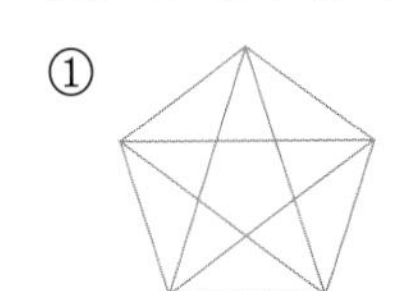 0개

② 0개

③ 4개

④ 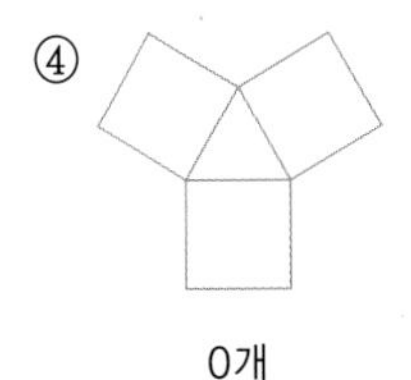 0개

따라서 ③은 한붓그리기가 불가능합니다.

[답] ③

3. 연역표

P.38

Free FACTO

[풀이] 주어진 조건에 따라 표를 그려 알아보면

먼저 호철이는 회사원보다 나이가 많으므로 회사원이 아닙니다. 또, 세라는 회계사와 나이가 같지 않으므로 회계사가 아닙니다. 회계사는 영진이보다 나이가 어리므로 영진이는 회계사가 아닙니다.

따라서 호철이가 회계사입니다.

호철이(회계사)는 회사원보다 나이가 많고, 영진이보다 나이가 어리므로 영진이는 회사원이 아닙니다.

따라서 영진이는 교사이고, 세라는 회사원입니다.

[답] 세라: 회사원, 영진: 교사, 호철: 회계사

	세라	영진	호철
교사			×
회계사	×	×	○
회사원			×

	세라	영진	호철
교사	×	○	×
회계사	×	×	○
회사원	○	×	×

[풀이] 주어진 조건을 따라 표를 그려 알아보면

먼저 김 씨는 부산에 가 본 적이 없으므로 부산에 살지 않습니다. 또, 대전에 사는 사람보다 키가 크므로 대전에 살지도 않습니다.

따라서 김 씨는 서울에 삽니다.

박 씨가 사는 곳은 서울 또는 부산인데 세 사람은 서로 다른 곳에 살고 김 씨가 서울에 살므로 박 씨는 부산에 삽니다.

따라서 정씨는 대전에 삽니다.

[답] 정 씨: 대전, 김 씨: 서울, 박 씨: 부산

	정 씨	김 씨	박 씨
서울		○	
부산		×	
대전		×	

	정 씨	김 씨	박 씨
서울	×	○	×
부산	×	×	○
대전	○	×	×

해답

[풀이] 다음과 같은 순서로 표를 완성합니다.

① 하양이는 고양이가 아니고, 까망이는 강아지입니다. 하양이와 얼룩이, 까망이가 서로 다른 동물이므로 까망이가 강아지이면 하양이, 얼룩이는 강아지가 아닙니다. 이를 표로 나타내면 오른쪽과 같습니다. 따라서 얼룩이는 고양이이고, 하양이는 송아지입니다.

	고양이	강아지	송아지
하양이	×	×	○
얼룩이	○	×	×
까망이	×	○	×

② 얼룩이는 송아지가 아니고, 까망이는 고양이가 아닙니다. 이것만으로는 하양이, 얼룩이, 까망이가 각각 어떤 동물인지 알 수 없습니다.

	고양이	강아지	송아지
하양이			
얼룩이			×
까망이	×		

③ 하양이는 송아지이고, 까망이는 송아지가 아닙니다. 따라서 얼룩이와 까망이가 어떤 동물인지 알 수 없습니다.

	고양이	강아지	송아지
하양이	×	×	○
얼룩이			×
까망이			×

④ 얼룩이는 강아지이고, 하양이는 고양이입니다. 따라서 까망이는 송아지입니다.

	고양이	강아지	송아지
하양이	○	×	×
얼룩이	×	○	×
까망이	×	×	○

⑤ 하양이는 고양이가 아니고, 얼룩이는 강아지가 아니고, 까망이는 송아지가 아닙니다. 이를 표로 나타내면 오른쪽과 같습니다. 이것으로 하양이, 얼룩이, 까망이가 각각 어떤 동물인지 알 수 없습니다.

	고양이	강아지	송아지
하양이	×		
얼룩이		×	
까망이			×

따라서 하양이, 얼룩이, 까망이가 각각 어떤 동물인지 알 수 있는 경우는 ①, ④입니다.

[답] ①, ④

Creative 팩토 P.40

[풀이] 과녁에 있는 점수는 모두 홀수입니다. 이 점수를 10개 더하면 홀수를 짝수 개 더하는 것입니다. 홀수를 짝수 개 더하면 짝수가 되므로 홀수인 81점이 나올 수 없습니다.
따라서 점수를 잘못 계산한 사람은 민지입니다.

[답] ②

[풀이] 19는 홀수이므로 홀수와 짝수의 합으로 나타낼 수 있습니다. 따라서 한 쪽 동전을 홀수 번 뒤집으면 다른 쪽 동전은 짝수 번 뒤집어야 19번 뒤집을 수 있습니다. 앞면인 동전을 짝수 번 뒤집으면 앞면이 되고, 홀수 번 뒤집으면 뒷면이 됩니다.
따라서 두 개의 동전은 서로 다른 면이 됩니다.

[답] 풀이 참조

P.41

[풀이] 경찰관이 어느 한 지점에서 순찰을 시작해서 모든 길을 한 번씩 만 지난 다음 다시 출발점으로 돌아오기 위해서는 한붓그리기가 가능해야 합니다. 한붓그리기가 가능하기 위해서는 홀수점이 없거나 홀수점이 2개 있어야 합니다. 또, 홀수점이 2개 있을 때 한 쪽 홀수점에서 한붓그리기를 시작하면 다른 쪽 홀수점에서 끝나게 됩니다. 이 평면도에서는 홀수점이 2개이므로 한 홀수점에서 시작하더라도 다른 홀수점에서 끝나게 됩니다. 따라서 경찰관의 계획은 실행되지 못한 것입니다.

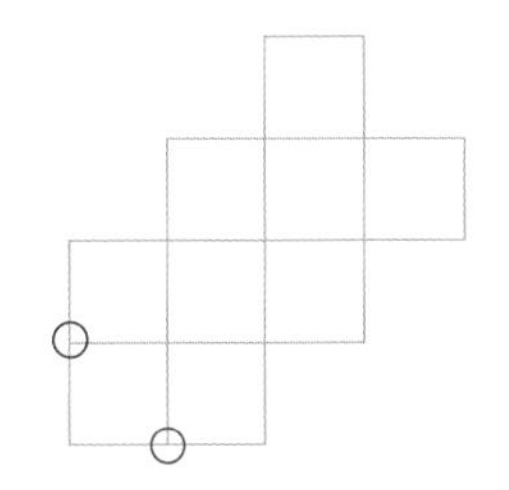

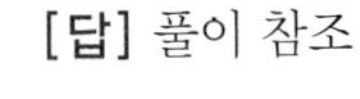
[답] 풀이 참조

[풀이] 주어진 조건에 따라 표를 그려 알아보면
D보다 늦게 들어온 사람은 1명뿐이므로 D는 3등입니다.
B는 2등 또는 3등인데, C의 말에서 등수가 같은 사람은 없고, D는 3등이므로 B는 2등입니다.
A는 1등이 아니므로 남은 1등, 4등 중에서 4등이고, C는 1등입니다.
[답] A: 4등, B: 2등, C: 1등, D: 3등

	1등	2등	3등	4등
A		×	×	
B	×	○	×	×
C		×	×	
D	×	×	○	×

	1등	2등	3등	4등
A	×	×	×	○
B	×	○	×	×
C	○	×	×	×
D	×	×	○	×

P.42

[풀이] (1) 모든 통로를 꼭 한 번씩 다 지나려면 한붓그리기가 가능해야 합니다. 홀수점이 없으면 아무 곳에서나 출발해도 되지만, 홀수점이 2개 있으면 홀수점에서 시작해야 합니다. 따라서 홀수점인 B와 E에 입구나 출구를 설치해야 합니다.

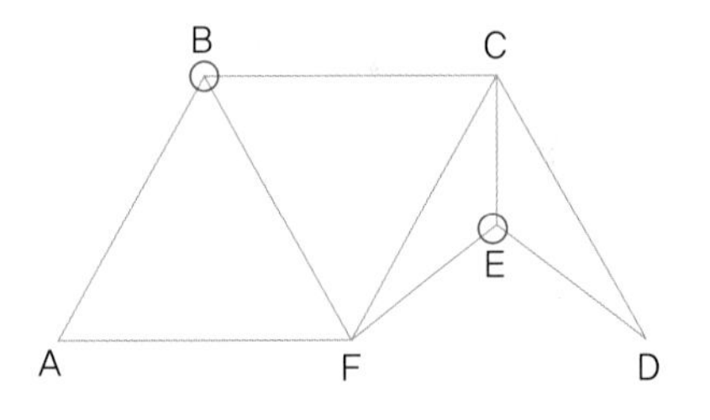

(2) B에서 출발할 경우
B→A→F→B→C→D→E→F→C→E,
E에서 출발할 경우
E→D→C→B→A→F→E→C→F→B
가 가능합니다.
이외에도 여러 가지 경우가 있습니다.

[답] (1) 입구: B, 출구: E (또는 입구: E, 출구: B)
(2) B→A→F→B→C→D→E→F→C→E (여러 가지 경우가 있습니다.)

P.43

6 [풀이] 주어진 조건에 따라 표를 그려 알아보면 태희는 동건의 여동생이므로 태희와 동건은 부부가 아닙니다. 또 영애의 남편은 형제, 자매가 없으므로 영애의 남편은 동건이 아닙니다. 따라서 나영의 남편이 동건입니다.
또, 태희의 남편과 민수는 서로 친한 사이이므로 태희의 남편은 민수가 아닙니다.
따라서 태희의 남편은 홍철이고, 영애의 남편은 민수입니다.
[답] 영애와 민수, 태희와 홍철, 나영과 동건

	동건	홍철	민수
영애	×	×	○
태희	×	○	×
나영	○	×	×

4. 배치하기

P.44

Free FACTO

[풀이] 첫째부터 여섯째까지를 1에서 6으로 나타내기로 하면 조건 ①에 따라 다음 그림과 같이 셋째, 다섯째 자리를 임의로 정합니다.

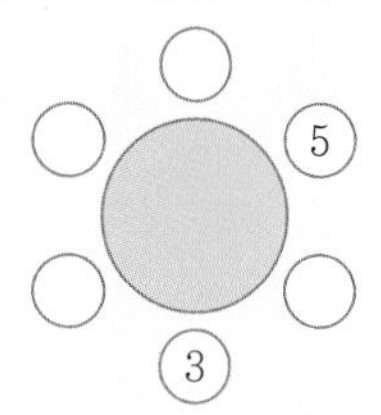

조건 ①의 가정 하에서 조건 ②를 보면 다음의 2가지 경우가 생깁니다.

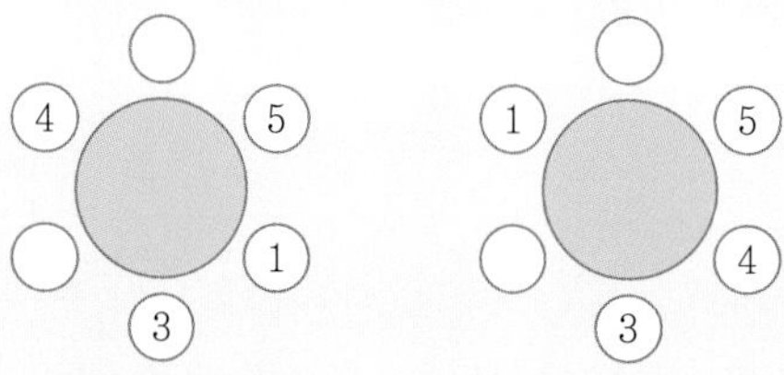

조건 ③에 의해서 위의 첫째 번 경우는 성립하지 않으므로 둘째 번 경우에 조건 ③에 맞게 둘째를 배치하면 여섯째인 막내 자리는 남은 자리가 됩니다.

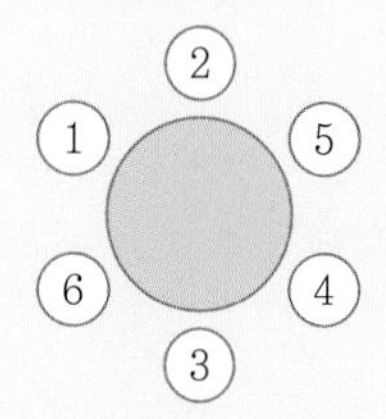

[답] 다섯째

[풀이] D는 E의 오른쪽에 앉아 있으므로 이를 표시합니다.

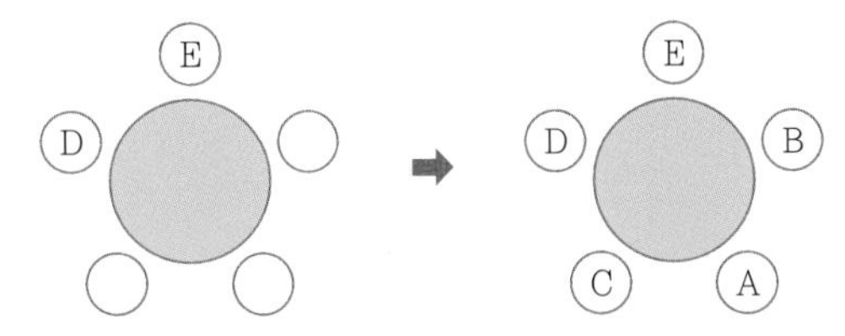

B와 C는 붙어 있지 않고, A의 왼쪽에 앉아 있는 사람은 B가 아니므로 A의 오른쪽에 B가 앉도록 표시합니다.

[답] 풀이 참조 (시계 반대 방향으로 E→D→C→A→B가 되면 E의 위치가 바뀌어도 됩니다.)

[풀이] 꽃집에서 식당으로 가려면 길을 건너야 하므로 꽃집과 식당은 길을 사이에 두고 있습니다. 또, 편의점과 꽃집도 길을 사이에 두고 있습니다. 따라서 식당과 편의점이 서점의 맞은편에 있습니다. 편의점과 꽃집이 마주 보고 있으므로 서점과 마주 보는 것은 식당입니다.

[답]

서점 꽃집

식당 편의점

5. 가정하여 풀기 P.46

Free FACTO

[풀이] 미은이가 불우이웃돕기를 했다고 가정할 경우, 각자의 두 가지 말이 참인지 거짓인지 알아보면 오른쪽 표와 같습니다.
따라서 성주의 둘째 번 말이 거짓이라면 한 가지는 참이고, 한 가지는 거짓이 됩니다.

	첫째 번	둘째 번
미은	거짓	참
지수	참	거짓
성주	참	모름

지수가 불우이웃돕기를 했다고 가정할 경우, 각자의 말이 참인지 거짓인지 알아보면 오른쪽 표와 같습니다. 미은이의 말이 모두 참이므로 지수가 불우이웃돕기를 했다는 가정이 틀렸습니다.

	첫째 번	둘째 번
미은	참	참
지수	거짓	참
성주	참	모름

성주가 불우이웃돕기를 했다고 가정할 경우, 각자의 말이 참인지 거짓인지 알아보면 오른쪽 표와 같습니다. 지수의 말이 모두 참이므로 성주가 불우이웃돕기를 했다는 가정이 틀렸습니다.

	첫째 번	둘째 번
미은	참	거짓
지수	참	참
성주	거짓	모름

따라서 미은이가 불우이웃돕기를 했고, 성주의 둘째 번 말은 거짓이 됩니다.

[답] 미은

[풀이] 유리창을 깬 사람을 각각 일호, 이우, 삼식, 사손이라고 할 때, 네 형제의 말이 참인지 거짓인지를 표로 만들어 보면 다음 표와 같습니다.

말한 사람 \ 깬 사람	일호	이우	삼식	사손
일호	거짓	참	참	참
이우	거짓	거짓	거짓	참
삼식	거짓	참	거짓	거짓
사손	참	참	참	거짓

한 사람만 거짓말을 하고 있으므로 이우가 거짓말을 한 것이고 유리창을 깬 사람은 이우입니다.
[답] 이우

6. 서랍에서 양말 꺼내기 P.48

Free FACTO

[풀이] 양말을 2짝 꺼내면 운이 나쁠 때는 파란색 1짝, 흰색 1짝이 나올 수 있습니다. 양말을 3짝 꺼내면 적어도 같은 색의 양말이 2짝은 나옵니다.
따라서 3짝을 꺼내야 어떠한 경우라도 같은 색의 양말 한 켤레를 꺼낼 수 있습니다.
[답] 3짝

[풀이] 4가지 색의 젓가락이 있으므로 4짝을 꺼내면 운이 나쁠 때는 4짝 모두 다른 색이 나올 수 있습니다. 젓가락 5짝을 꺼내면 같은 색 젓가락이 적어도 2개는 나옵니다.
[답] 5짝

[풀이] 12명의 학생이 있을 경우 태어난 달이 1월에서 12월까지로 다를 수 있습니다. 그러나 13명이 있으면 적어도 같은 달에 태어난 학생이 2명은 있게 됩니다.
[답] 풀이 참조

Creative 팩토 ········ P.50

[풀이] 가장 운이 가장 나쁜 경우 9개의 구슬을 꺼냈을 때, 같은 색이 3개씩 나올 수 있습니다. 이 경우 3가지 색밖에 나오지 않으므로 10개를 꺼내면 항상 4가지 색의 구슬을 꺼낼 수 있습니다.
[답] 10개

[풀이] 수진이의 왼쪽에는 아무도 없으므로 수진이가 가장 왼쪽에 있습니다.
민지와 창민이 사이에 두 사람이 있으므로 남은 4칸의 양쪽에 민지와 창민이가 있습니다. 그런데 창민이가 정현이의 오른쪽에 있어야 하므로 다음과 같이 서 있습니다.

수진	민지	상우	정현	창민

따라서 가운데에 서서 사진을 찍은 사람은 상우입니다.
[답] 상우

········ P.51

[풀이] 조건 ②와 ③에서 사슴과 호랑이는 가장 멀리 떨어져 있고, 염소 우리는 사슴 우리의 남쪽에 있으므로 사슴, 호랑이, 염소는 다음과 같은 두 가지 경우로 있을 수 있습니다.

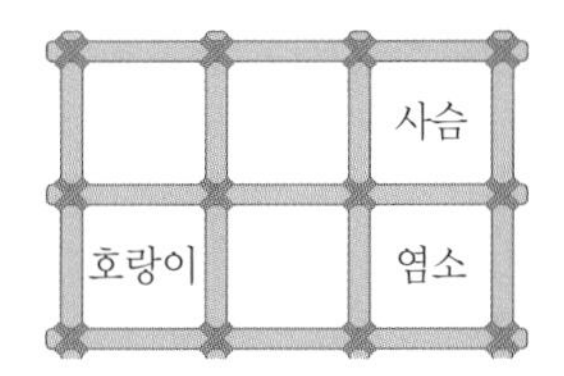

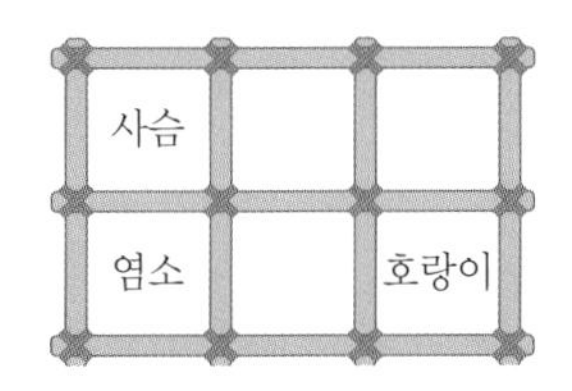

조건 ④에서 사자 우리는 고릴라 우리의 서쪽에 붙어 있으므로 사자와 고릴라의 자리를 정합니다.

사자	고릴라	사슴
호랑이		염소

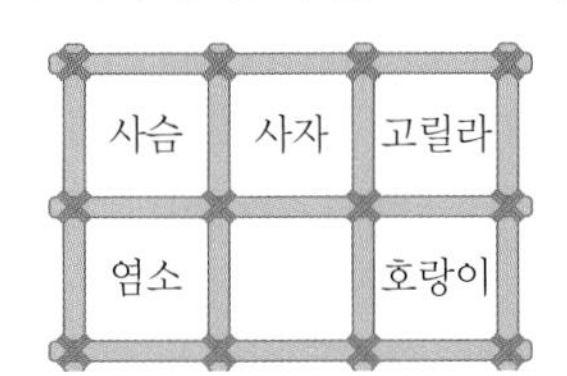

조건 ①에서 사자와 곰의 우리는 붙어 있는데 위의 두 가지 중 첫째 번의 경우는 사자와 곰의 우리가 붙어 있을 수 없습니다.
따라서 둘째 번의 그림에서 빈칸이 곰의 우리가 됩니다.
[답]

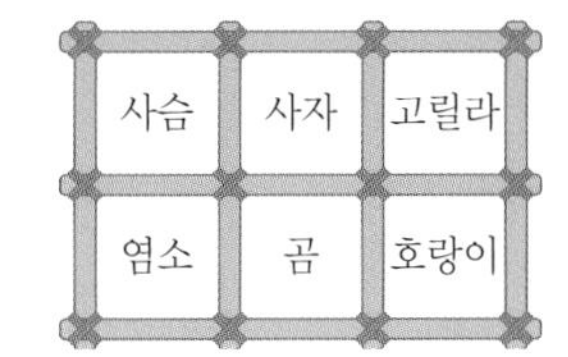

4 **[풀이]** 5개의 손수건을 꺼냈을 때, 가장 운이 나쁜 경우 빨간색 1개, 검은색 2개, 노란색 2개가 나올 수 있습니다. 이때 1개를 더 꺼내면 검은색이나 노란색이 나올 것이므로 같은 색 손수건을 3개 꺼낼 수 있습니다.
따라서 적어도 6개의 손수건을 꺼내야 같은 색 손수건 3개가 반드시 나오게 됩니다.
[답] 6개

P.52

5 **[풀이]** 호식이가 민정이의 왼쪽에 있다고 가정하면

호식이네 반 학생이 33명으로 30명을 넘습니다. 따라서 호식이는 다음과 같이 민정이의 오른쪽에 있습니다.

○ … ○ 민정 ○ ○ ○ 호식 ○ … ○
13명 15명

호식이의 왼쪽에는 13명이 있고, 민정의 오른쪽에는 15명이 있으며 가운데 3명이 중복되므로 호식이네 반 학생은 $13+15-3=25$(명)입니다.
[답] 25명

6 **[풀이]** 우승한 사람을 각각 갑, 을, 병, 정이라고 할 때, 표를 만들어 예상이 맞았는지 틀렸는지 알아보면 다음과 같습니다.

	갑이 우승	을이 우승	병이 우승	정이 우승
갑의 예상	맞음	틀림	틀림	틀림
을의 예상	맞음	틀림	맞음	맞음
병의 예상	틀림	맞음	틀림	틀림
정의 예상	맞음	맞음	틀림	맞음

예상이 맞은 사람은 한 명뿐이므로 우승한 사람은 병입니다.
[답] 병

P.53

7 **[풀이]** 안전한 길이 1번, 2번, 3번 길일 경우로 나누어 표지판에 있는 말이 사실인지를 따져 보면 다음과 같습니다.

	1번 길이 안전	2번 길이 안전	3번 길이 안전
1번 길 표지판	사실	거짓	거짓
2번 길 표지판	거짓	사실	사실
3번 길 표지판	사실	사실	거짓

표지판에 쓰여 있는 말 중에 하나만 사실이므로 안전한 길은 3번 길입니다.
[답] 3번 길

Thinking 팩토 ············ P.54

[풀이] 100에서 200까지의 수 중에는 홀수가 50개, 짝수가 51개 있습니다. 짝수 전체의 합은 짝수를 짝수 개 더한 것이므로 짝수가 되고, 홀수 전체의 합은 홀수를 짝수 개 더한 것이므로 짝수가 됩니다. 따라서 짝수 전체의 합과 홀수 전체의 합과의 차는 짝수에서 짝수를 빼는 것이므로 짝수입니다.

[답] 짝수

[풀이] 3, 4, 5, 6, 7 중 2개를 골라 곱을 구하면 모두 10가지가 나옵니다.

$3\times4,\ 3\times5,\ 3\times6,\ 3\times7,\ 4\times5,\ 4\times6,\ 4\times7,\ 5\times6,\ 5\times7,\ 6\times7$

3, 4, 5, 6, 7 중 홀수는 3개 있고, 곱이 홀수가 되는 경우는 홀수끼리 곱한 것입니다. 홀수끼리의 곱은 3×5, 3×7, 5×7의 세 가지가 있습니다. 따라서 곱을 모두 더하면 홀수 3개와 짝수 7개를 더하는 것입니다. 홀수를 3개 더하면 홀수이고, 짝수를 7개 더하면 짝수이며, 홀수와 짝수를 더하면 홀수이므로 곱을 모두 더하면 홀수입니다.

[답] 홀수, 이유: 풀이 참조

············ P.55

[풀이] A 마을에서 출발하여 모든 길을 한 번씩 지난 다음 A 마을로 돌아오기 위해서는 A에서 출발하여 한붓그리기가 가능하여야 합니다. 한붓그리기가 가능하기 위해서는 홀수점이 없거나 2개 있으면 되는데, 홀수점이 2개 있는 경우에는 한 점에서 출발하여 다른 점에 도착하게 되므로 홀수점이 없어야 같은 점으로 돌아올 수 있습니다.

따라서 길을 하나 만들어서 홀수점이 없도록 하여야 합니다. D와 F가 홀수점이므로 이를 연결하면 홀수점이 없어집니다.

따라서 D 마을과 F 마을 사이에 길을 새로 만들면 됩니다.

[답] D 마을과 F 마을

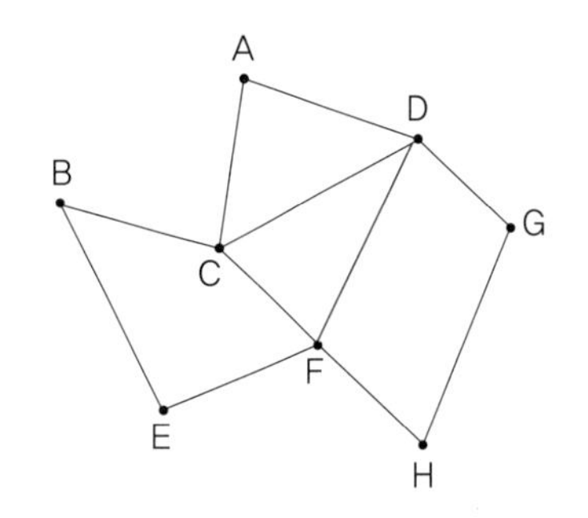

[풀이] 갑, 을, 병과 A, B, C의 부부 관계를 표를 만들어 알아봅니다.

갑은 모든 사람들과 친하게 지내는 사이인데, 을의 부인과 C의 남편은 오늘 처음 만났으므로 C의 남편은 갑이 아닙니다. 또 B와 A의 남편도 처음 만났으므로 A의 남편도 갑이 아닙니다.

따라서 갑의 아내는 B입니다.

을과 C도 부부가 아니므로 을의 아내는 A이고, 병의 아내는 C입니다.

[답] 갑의 아내: B, 을의 아내: A, 병의 아내: C

	A	B	C
갑	×	○	×
을	○	×	×
병	×	×	○

············ P.56

[풀이] 시험 결과로 나올 수 있는 점수는 0점, 20점, 40점, 60점, 80점, 100점으로 6가지가 있습니다. 6명의 학생이 시험을 봤다면 모든 학생의 점수가 다를 수가 있습니다.

따라서 적어도 7명의 학생이 시험을 보아야 반드시 점수가 같은 학생이 있을 수 있습니다.

[답] 7명

[풀이] 등 번호와 등수가 일치하는 선수가 하나도 없었으므로 다음과 같이 표를 만들어서 등 번호와 등수가 일치하는 곳에 ×표합니다.

	1등	2등	3등	4등
1번	×			
2번		×		
3번			×	
4번				×

4번 선수는 2번 선수의 바로 뒤에 들어왔으므로 2번 선수는 1등 또는 3등입니다. 2번 선수가 3등이면 4번 선수가 4등이 되므로 모순입니다. 따라서 2번 선수가 1등, 4번 선수가 2등이 되어야 합니다.

	1등	2등	3등	4등
1번	×	×		
2번	○	×	×	×
3번	×	×	×	
4번	×	○	×	×

위 표에서 3번 선수가 4등, 1번 선수가 3등임을 알 수 있습니다.

	1등	2등	3등	4등
1번	×	×	○	×
2번	○	×	×	×
3번	×	×	×	○
4번	×	○	×	×

[답] 1번 선수: 3등, 2번 선수: 1등, 3번 선수: 4등, 4번 선수: 2등

P.57

[풀이] 칼의 첫째 번 예측이 맞았다고 가정하면 칼은 2등이고, 마이크의 둘째 번 예측(칼은 4등)은 틀렸으므로 첫째 번 예측(제시는 2등)이 맞아야 합니다. 이때 2등이 두 명으로 모순됩니다.
따라서 칼의 첫째 번 예측은 틀렸습니다.
즉, 칼의 둘째 번 예측이 맞은 것이므로 벤은 3등입니다. 벤의 첫째 번 예측(내가 1등)은 틀렸으므로 둘째 번 예측(마이크는 2등)은 맞습니다. 제시의 첫째 번 예측(마이크는 4등)은 틀렸으므로 둘째 번 예측(나는 1등)은 맞습니다. 마이크의 첫째 번 예측(제시는 2등)은 틀렸으므로 둘째 번 예측(칼은 4등)은 맞습니다.
따라서 제시가 1등, 마이크가 2등, 벤이 3등, 칼이 4등입니다.

[답] 제시: 1등, 마이크: 2등, 벤: 3등, 칼: 4등

Ⅷ 공간감각

1. 조각 찾기 P.60

Free FACTO

[풀이]

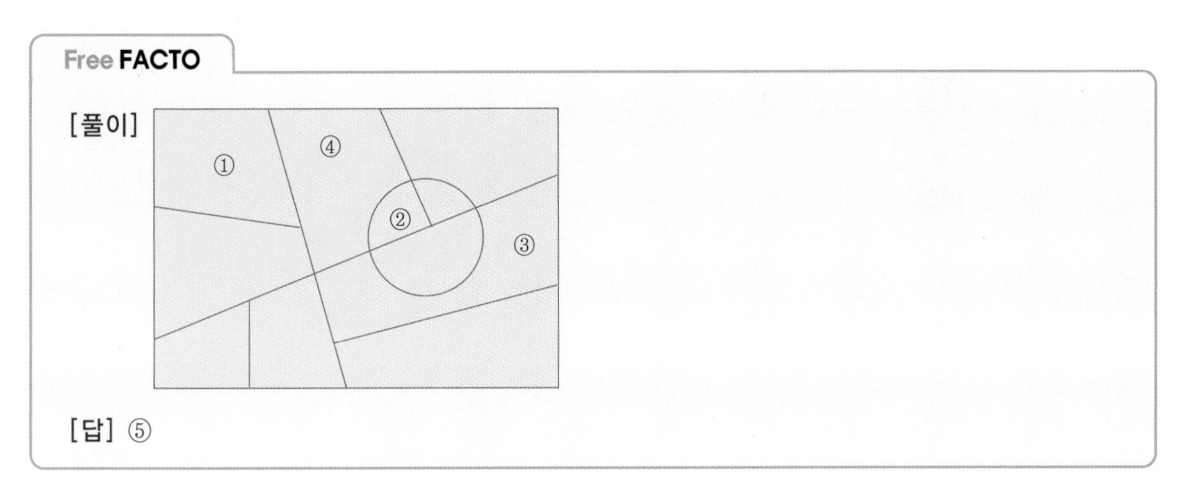

[답] ⑤

예제 01

[풀이]

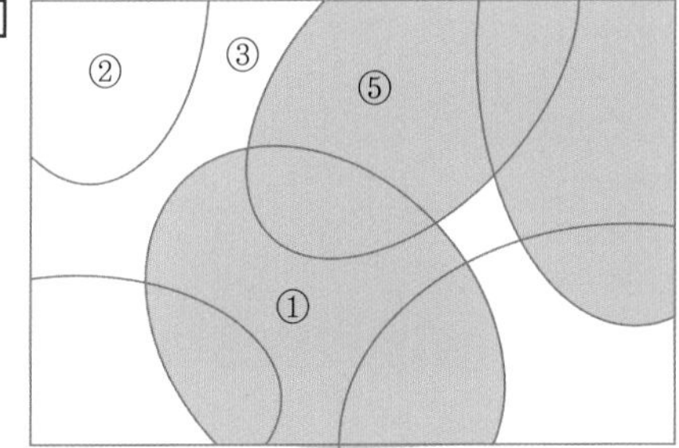

[답] ④

[풀이]

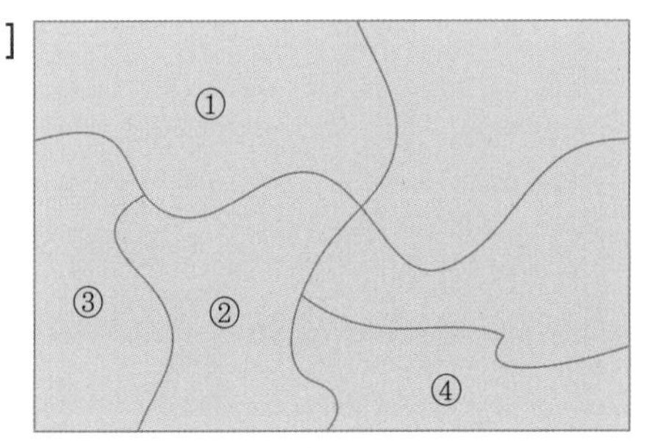

[답] ⑤

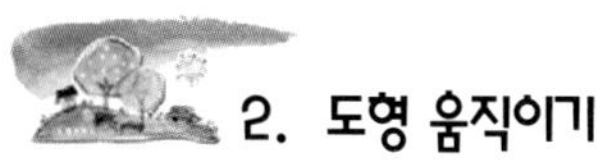

2. 도형 움직이기 P.62

Free FACTO

[풀이] ㈎의 마지막 그림은 처음 그림을 아래로 뒤집은 모양입니다.

처음: 

마지막: 

따라서 ㉠은 ㈏의 처음 그림을 아래로 뒤집은 모양입니다.

처음: 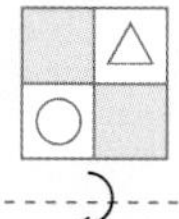

㉠:

※순서대로 움직여도 결과는 같습니다.

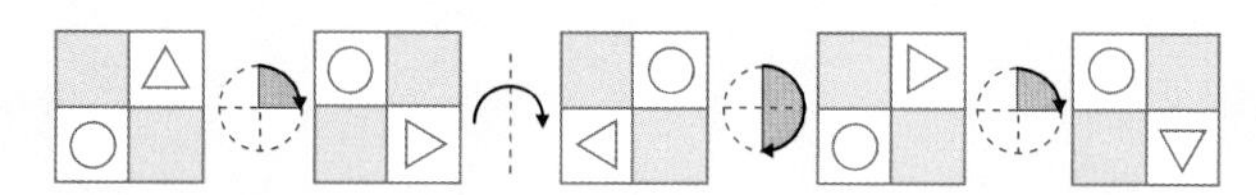

[답] 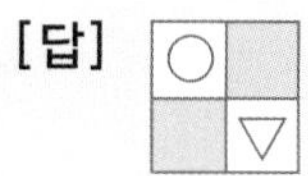

[풀이] 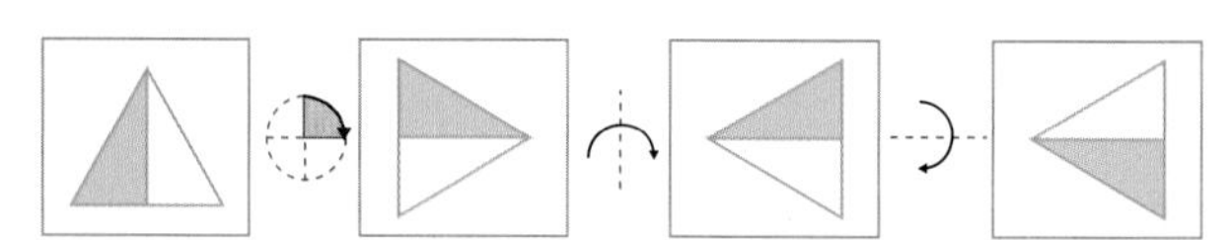

[답] 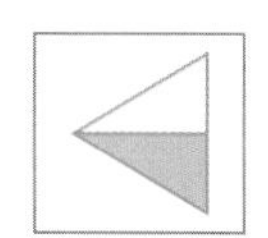

[풀이]

0 1 5 2 8

0 0 1 1 2 5 5 2 8 8

[답] 0, 1, 2, 5, 8

3. 같은 도형, 다른 도형 찾기 P.64

Free FACTO

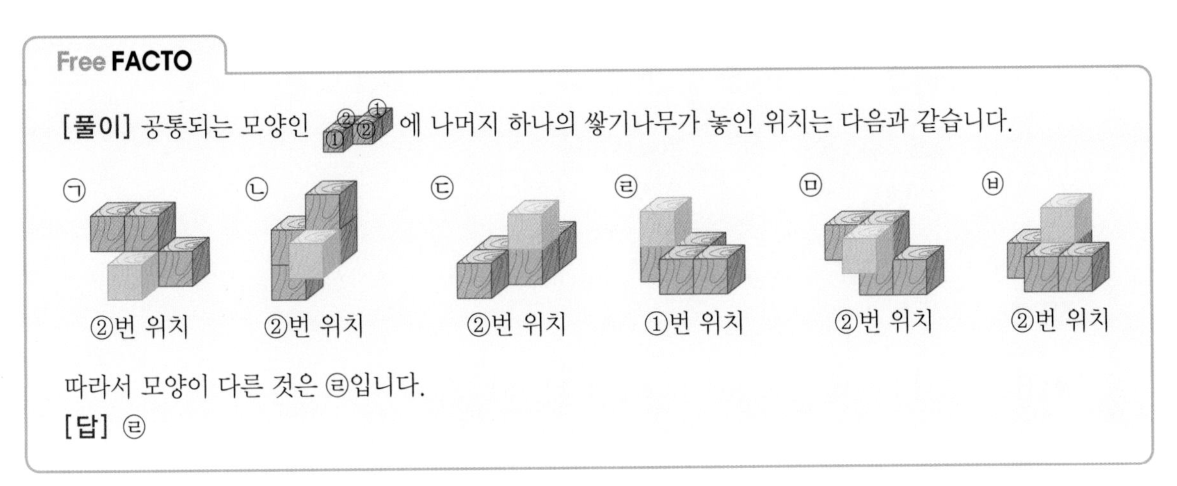

[풀이] 공통되는 모양인 ①②②① 에 나머지 하나의 쌓기나무가 놓인 위치는 다음과 같습니다.

따라서 모양이 다른 것은 ㉣입니다.

[답] ㉣

예제 01

[풀이] 공통되는 모양인 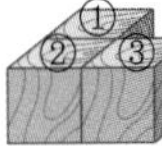 에 나머지 하나의 쌓기나무가 놓인 위치는 다음과 같습니다.

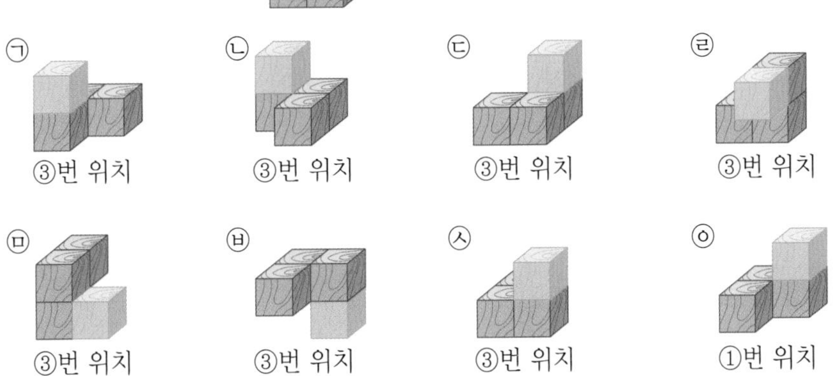

따라서 다른 모양은 ㉧입니다.

[답] ㉧

예제 02

[풀이] ㄹ 위치의 바로 위에서 정사면체를 보면 다음과 같습니다.

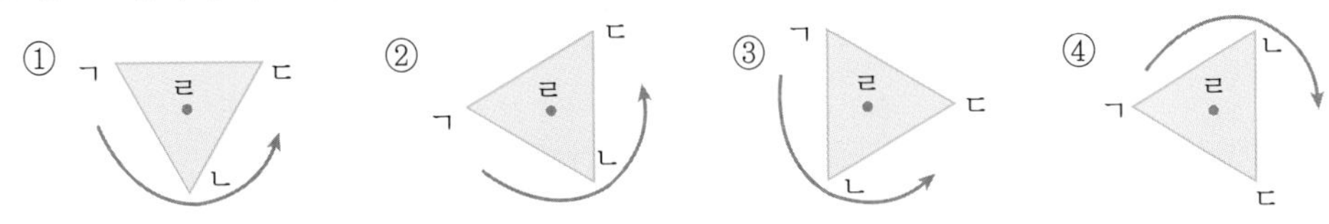

따라서 다른 하나는 ④입니다.

[답] ④

P.66

[풀이]

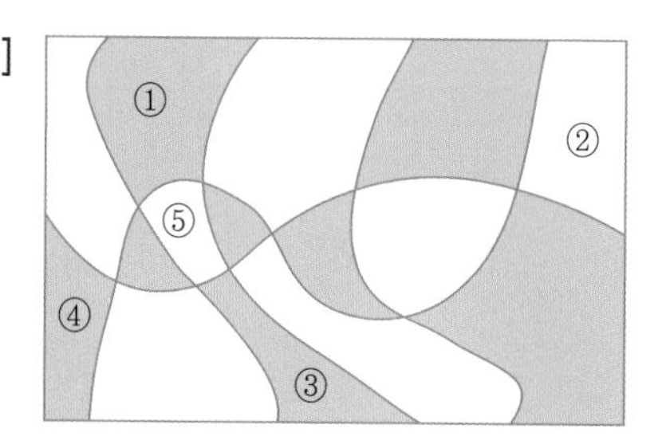

[답] ⑥

[풀이] 정사각형 안의 대각선의 방향이 |보기|와 같은 것을 찾으면 다음과 같습니다.

①

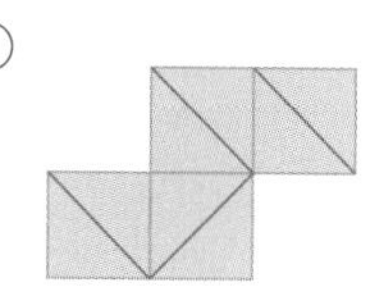

②

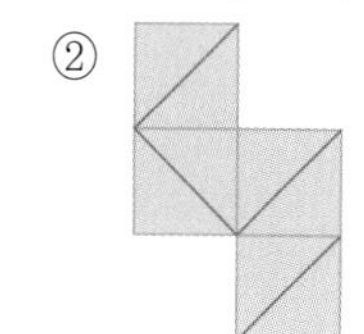

⑤

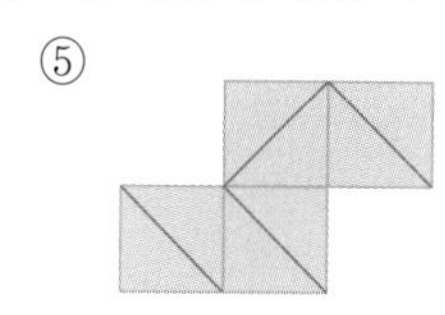

[답] ③, ④

P.67

[풀이]

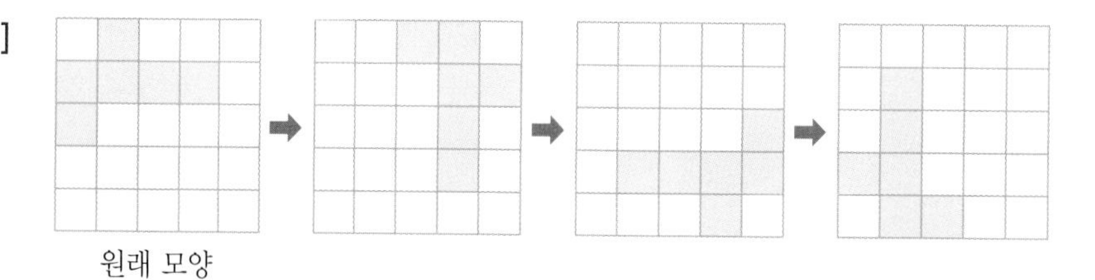

원래 모양

모두 색칠하면 다음과 같습니다.

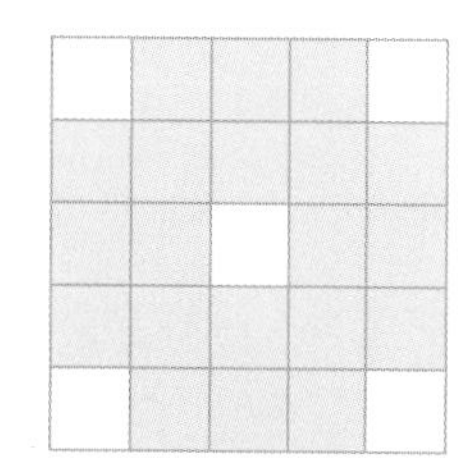

따라서 색칠되지 않은 칸은 모두 5칸입니다.

[답] 5칸

P.68

[풀이] 먼저, 정육각형 안에 마주 보는 2개의 삼각형이 색칠된 도형은 ③, ⑤, ⑥ 입니다.
나머지 부분에 색칠된 곳이 세 군데인 도형은 ③, ⑤이고 이들은 |보기|와 같은 도형입니다.
[답] ③, ⑤

[풀이]

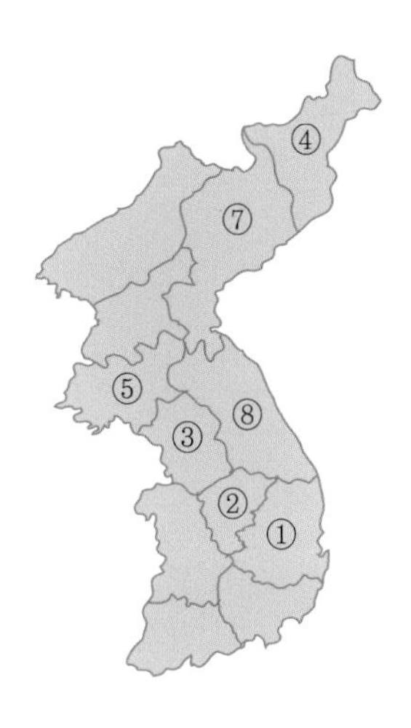

[답] ⑥

P.69

[풀이]

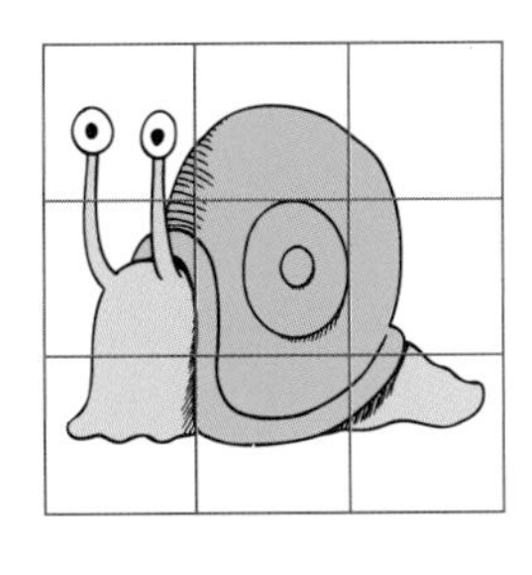

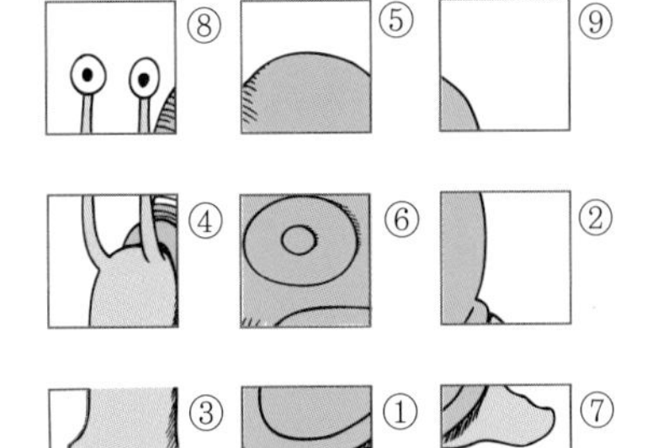

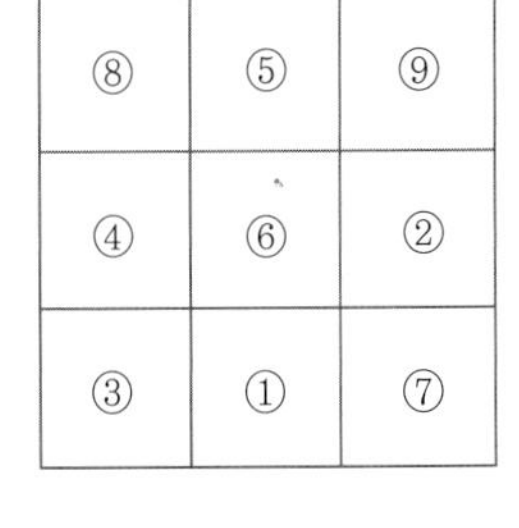

[답] 풀이 참조

[풀이] 가운데 정사각형을 기준으로 하여 돌리거나 뒤집어도 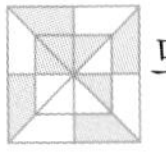 모양이 아닌 도형은 ④입니다.

[답] ④

4. 색종이 겹치기 ······ P.70

Free FACTO

[풀이] 가장 위에 놓인 색종이부터 한 장씩 빼면 다음과 같습니다.

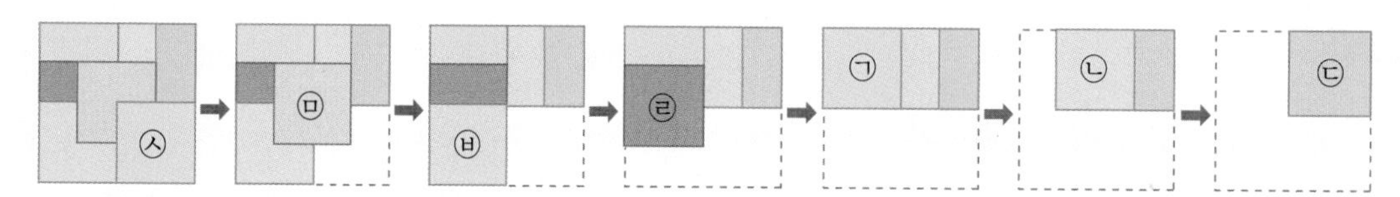

따라서 가장 아래에 놓인 색종이는 ㉢입니다.
[답] ㉢

예제 01 [풀이] 가장 위에 놓인 색종이부터 빼면 다음과 같습니다.

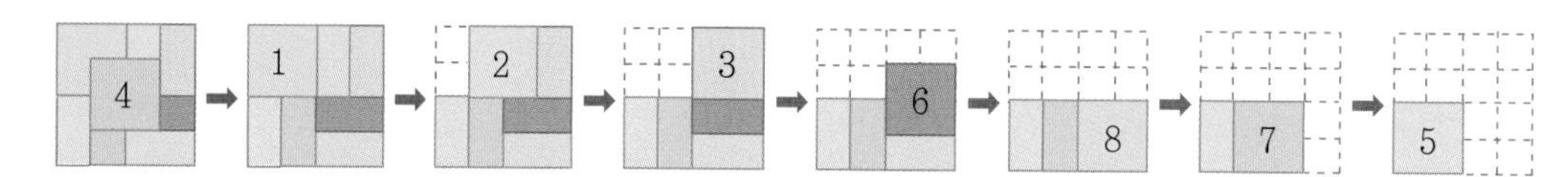

따라서 가장 아래에 놓인 색종이는 5번입니다.
[답] 5번

5. 색종이 접기 ······ P.72

Free FACTO

[풀이]

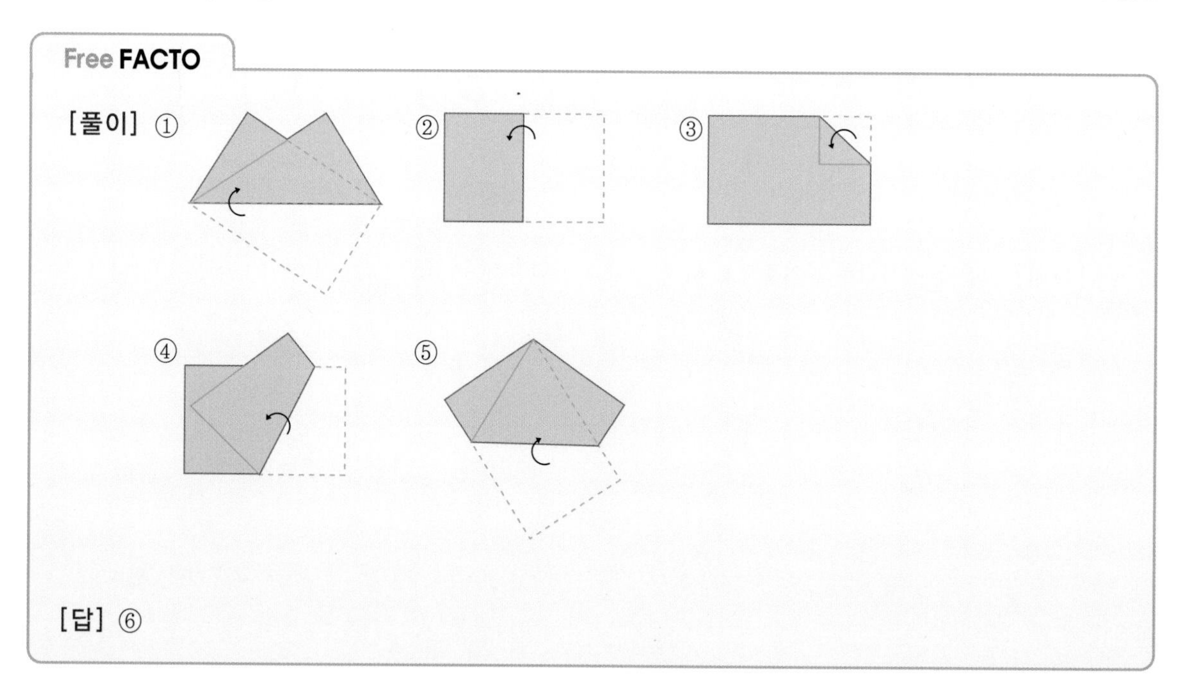

[답] ⑥

예제 01

[풀이] ① ② ⑥

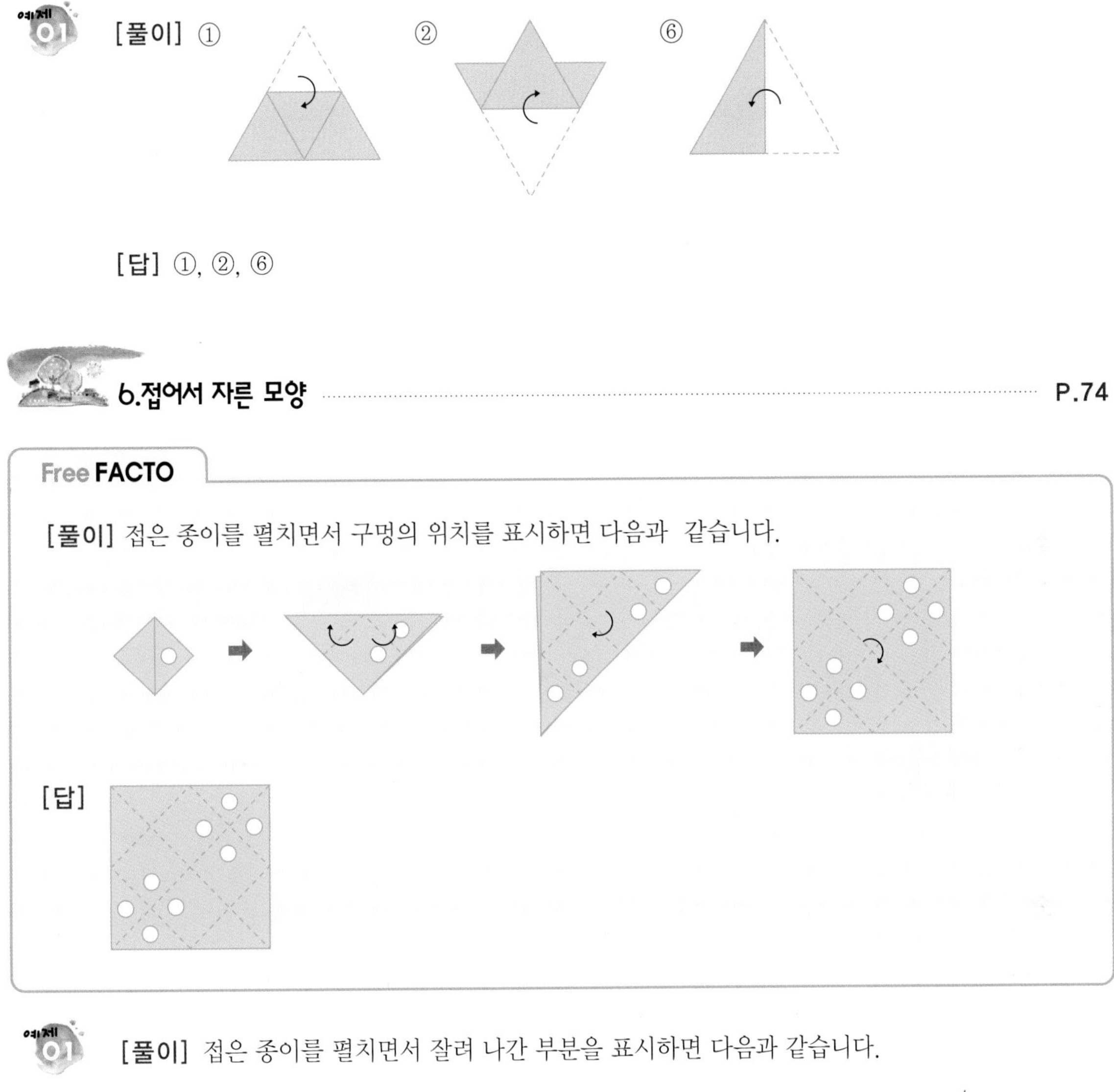

[답] ①, ②, ⑥

6.접어서 자른 모양 P.74

Free FACTO

[풀이] 접은 종이를 펼치면서 구멍의 위치를 표시하면 다음과 같습니다.

[답]

예제 01

[풀이] 접은 종이를 펼치면서 잘려 나간 부분을 표시하면 다음과 같습니다.

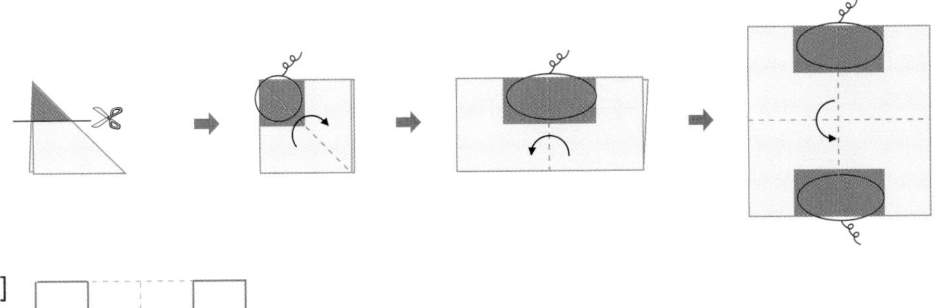

[답]

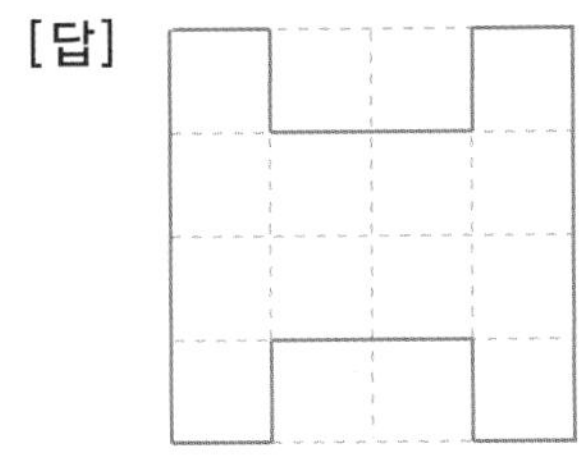

[풀이] 주어진 모양을 1번 접으면 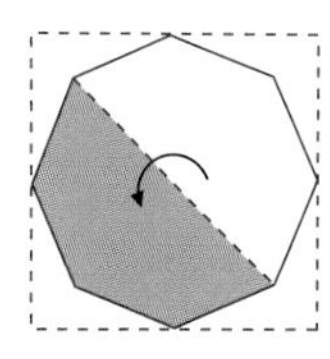 이고,

주어진 모양을 2번 접으면 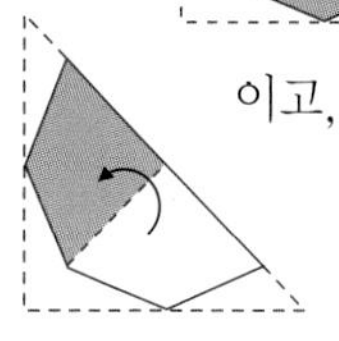 이고,

주어진 모양을 3번 접으면  입니다.

따라서 접은 색종이 위에 자른 선을 나타내면 오른쪽과 같습니다. 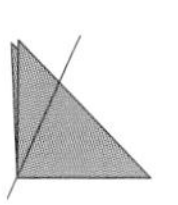

[답] 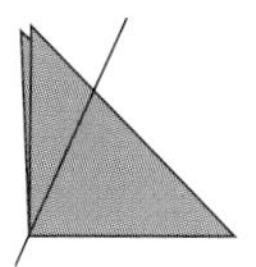

Creative 팩토

P.76

[풀이] 보이지 않는 부분을 그리며 세어 보면 색종이는 모두 10장입니다.

[답] 10장

[풀이] 색종이를 펼치면서 자른 선을 표시하면 다음과 같습니다.

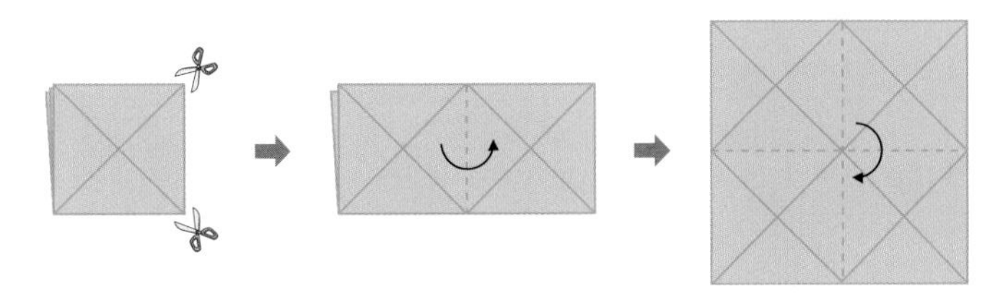

따라서 직각이등변삼각형 8개와 정사각형 4개가 생깁니다.

[답] 직각이등변삼각형 8개, 정사각형 4개

P.77

[풀이] 종이를 펼치면서 구멍이 뚫린 위치를 표시하면 다음과 같습니다.

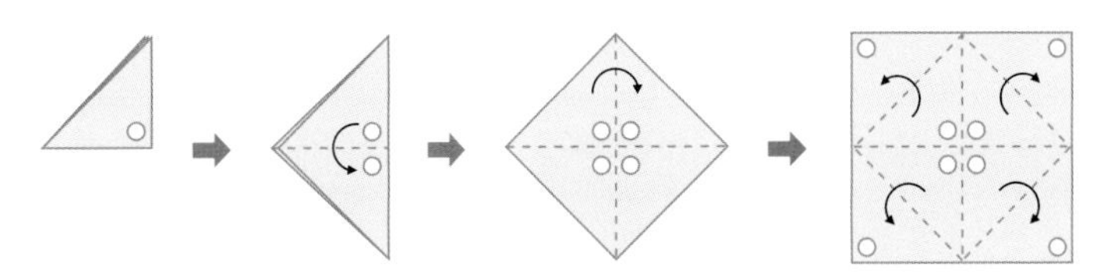

[답]

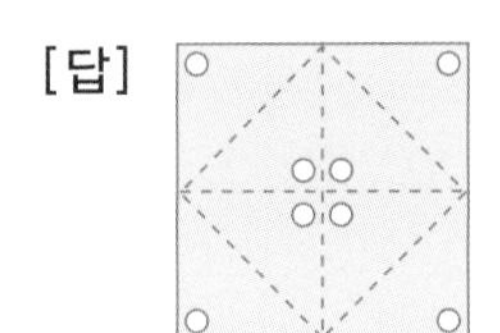

4 **[풀이]**

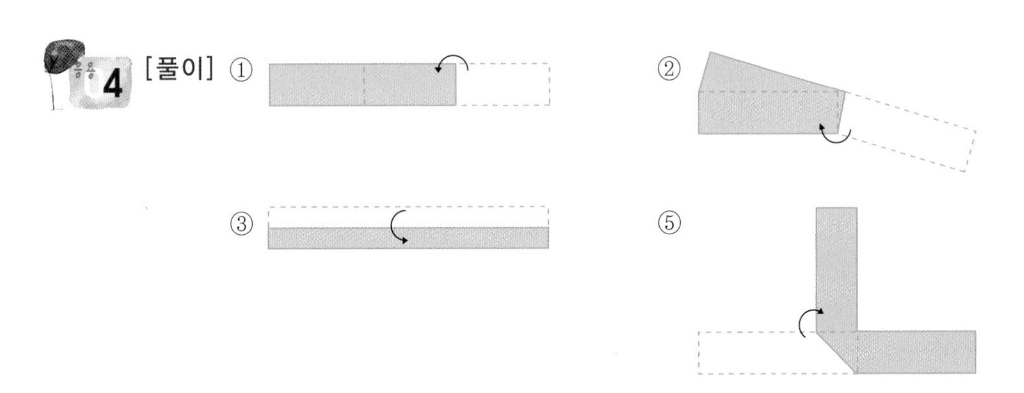

[답] ④

P.78

[풀이] 가장 위에 놓인 색종이부터 한 장씩 빼면 다음과 같습니다.

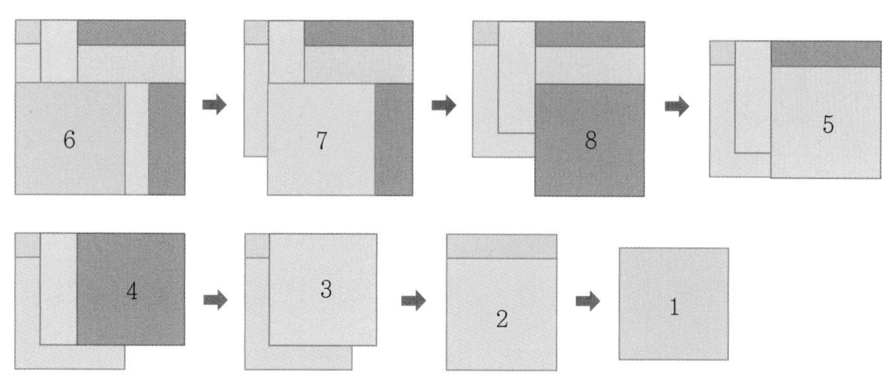

[답] 6-7-8-5-4-3-2-1

[풀이] 종이를 펼치면서 잘린 부분을 표시하면 다음과 같습니다.

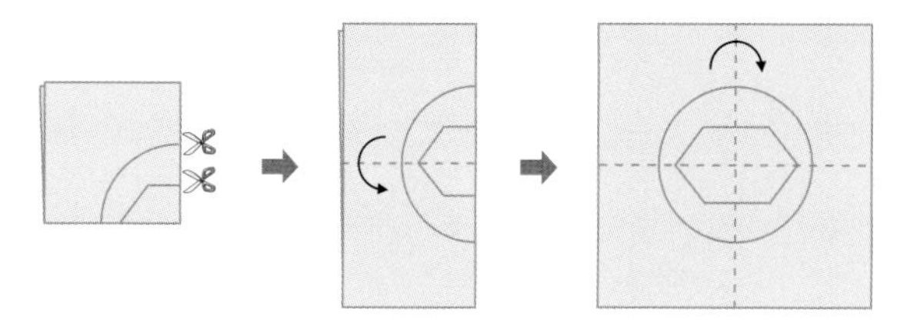

[답]

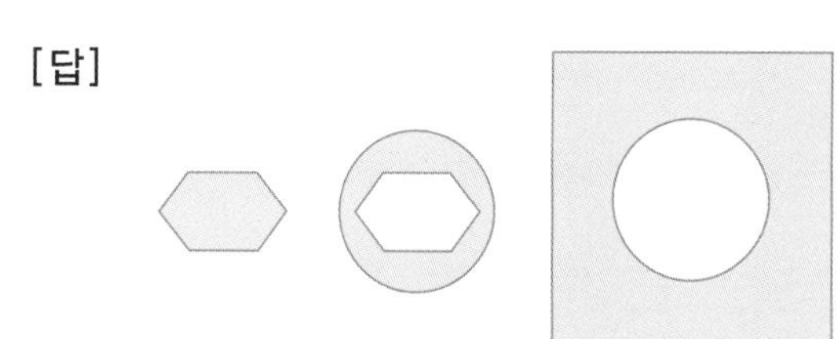

P.79

[풀이] 종이를 펼치면서 오려 낸 부분을 표시하면 다음과 같습니다.

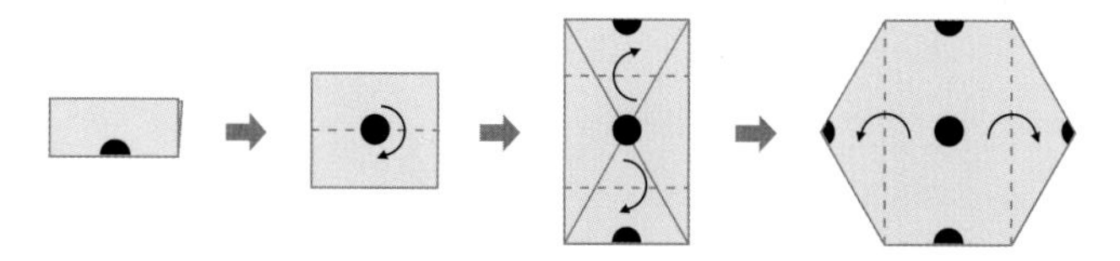

[답]

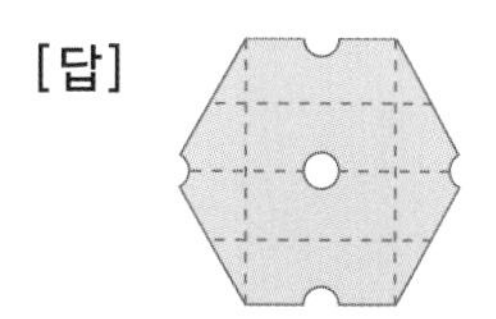

Thinking 팩토

P.80

[풀이] 종이를 펼치면서 잘린 부분을 표시하면 다음과 같습니다.

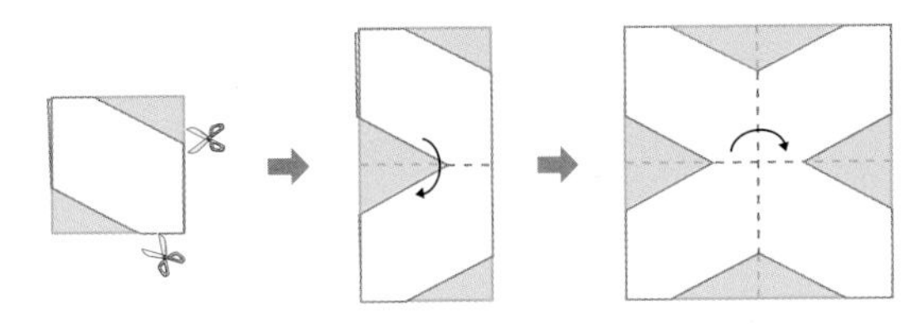

[답]

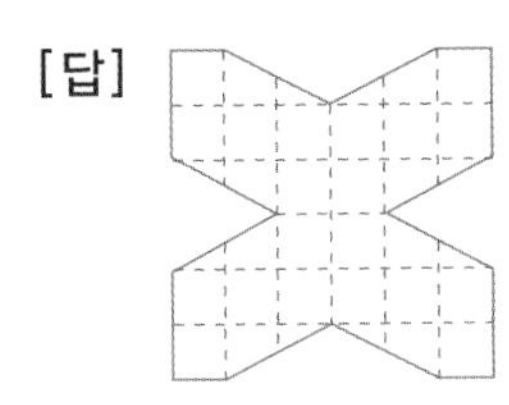

[풀이] 가장 위에 놓인 색종이부터 한 장씩 빼면 다음과 같습니다.

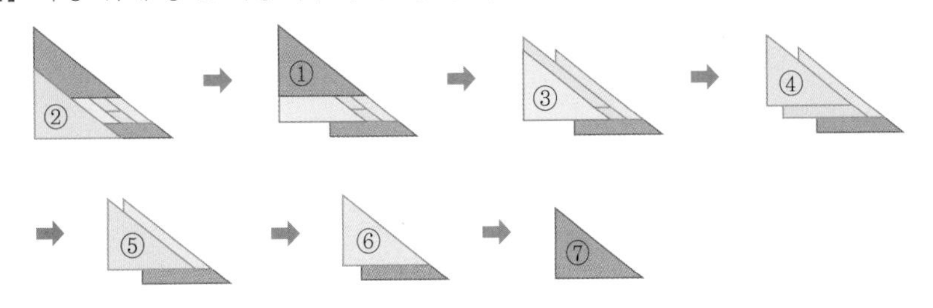

[답] ②-①-③-④-⑤-⑥-⑦

P.81

[풀이] 가장 위에 있는 색종이부터 빼면 다음과 같습니다.

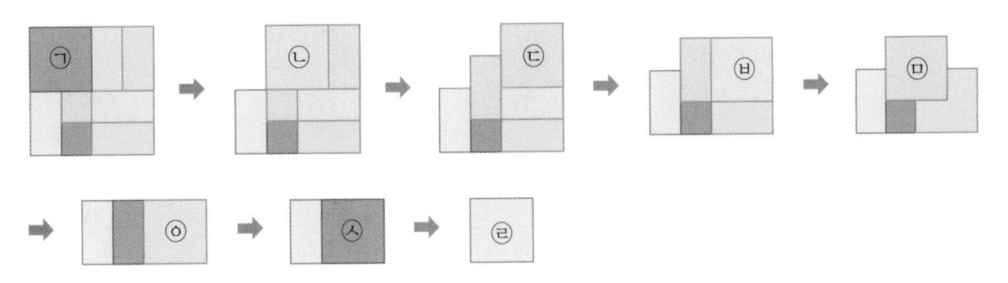

㉤과 ㉧의 순서는 바뀔 수도 있습니다.

[답] ㉣

[풀이]

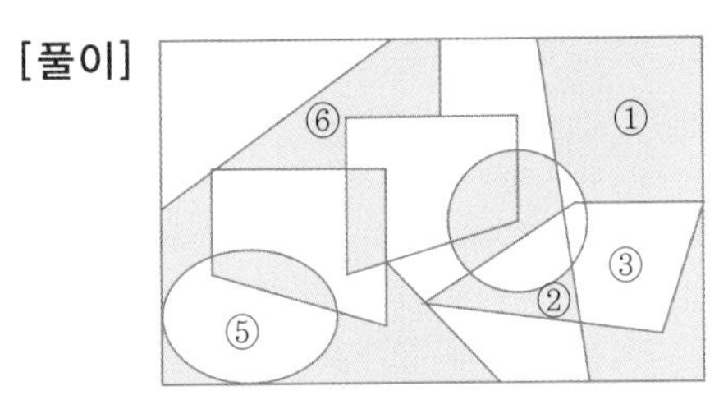

[답] ④

P.82

도전 05

[풀이]

1	2	3	4	5
6	7	8	9	10
11	12	13	14	15
16	17	18	19	20
21	22	23	24	25

㉮

1	2	3	4	5
6	7	8	9	10
11	12	13	14	15
16	17	18	19	20
21	22	23	24	25

1	2	3	4	5
6	7	8	9	10
11	12	13	14	15
16	17	18	19	20
21	22	23	24	25

㉯

➡ 13+14+18=45

[답] 45

[풀이] 가장 위에 놓인 색종이부터 차례로 쓰면 ⑥-⑦-⑧-⑤-④-③-②-①입니다. 여기서 ③번 색종이만 빼냈을 때, 원래 ③번 색종이의 위에 있던 종이들은 모양의 변화가 없고, 아래에 있던 ①, ②번 색종이는 ③번 색종이에 의해 가려졌던 부분이 보이게 됩니다.

① ② ⑥
④ ⑤ ⑦ ⑧

[답] 풀이 참조

P.83

[풀이] (1)

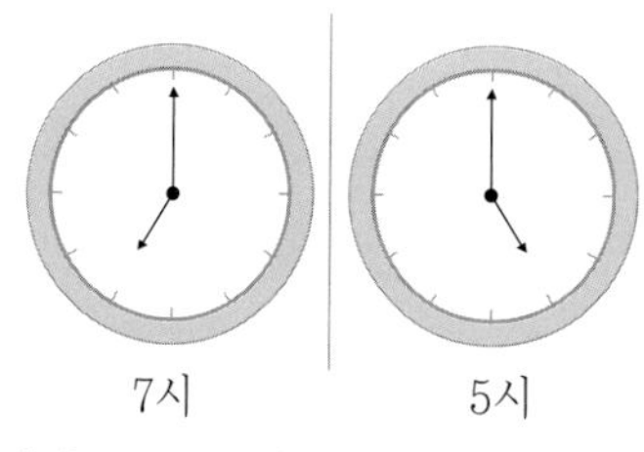

7시　5시

2시간 또는 10시간 차이 납니다.

(2) 5시간의 절반인 2시간 30분 후입니다.

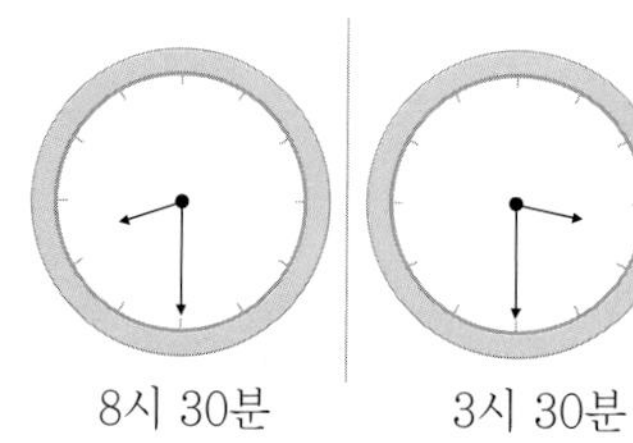

8시 30분　3시 30분

(3)

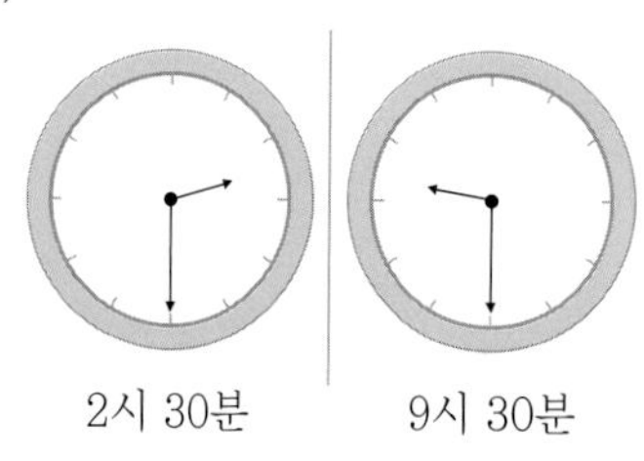

2시 30분　9시 30분

[답] (1) 2시간 또는 10시간　(2) 2시간 30분 후, 8시 30분, 3시 30분
(3) 2시간 30분 후, 2시 30분, 9시 30분　(4) 2시 30분, 3시 30분, 8시 30분, 9시 30분

Ⅸ 카운팅

1. 합의 법칙과 곱의 법칙 P.86

Free FACTO

[풀이] (1) 가 나라에서 나 나라로 비행기로 가는 방법이 3가지이고, 배로 가는 방법이 2가지이므로 $3+2=5$(가지) 방법이 있습니다.

(2) 가 나라에서 나 나라로 배로 가는 방법이 2가지이고, 가는 방법 각각의 경우마다 오는 방법이 3가지이므로 $2\times3=6$(가지)있습니다.

[답] (1) 5가지　　(2) 6가지

[풀이] 집에서 학교로 가는 길은 3가지이고, 가는 길 각각의 경우 돌아오는 길이 3가지씩 있으므로 $3\times3=9$(가지)입니다.

[답] 9가지

[풀이] (1) 윗옷 1개마다 바지 3개를 바꾸어 입을 수 있고, 윗옷이 4개 있으므로 $3\times4=12$(가지) 방법으로 옷을 입을 수 있습니다.

(2) 윗옷과 바지 중 어느 것이든 상관없이 하나만 선택하면 되므로 $4+3=7$(가지)입니다.

[답] (1) 12가지　　(2) 7가지

2. 최단 경로의 가짓수 P.88

Free FACTO

[풀이] 최단 거리로 가는 길이 1가지뿐인 점들에 1을 적어 넣은 후, 각 점에 그 점까지 가는 최단 경로의 가짓수를 적어 보면 다음과 같습니다.

집	1	1	1	1
1	2	3	4	5
1	3	6	10	15
1	4	10	20	35 학교

따라서 집에서 학교까지 가장 빨리 가는 길은 모두 35가지가 있습니다.

[답] 35가지

[풀이] 역에서 서점까지 가는 가장 빠른 길은 (→) 방향 또는 (↓) 방향으로만 가는 길이므로 다음과 같이 각 점까지 가는 최단 경로의 가짓수를 적어 구합니다.

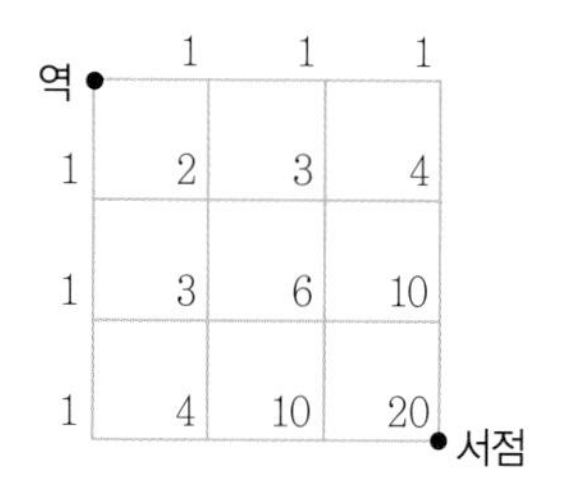

따라서 역에서 서점까지 가는 가장 빠른 길은 모두 20가지입니다.
[답] 20가지

[풀이] A에서 B까지 선을 따라 가는 가장 짧은 길은 (→) 방향 또는 (↑) 방향으로만 가는 길입니다. 각 점까지 가는 최단경로의 가짓수를 적어 보면 다음과 같습니다.

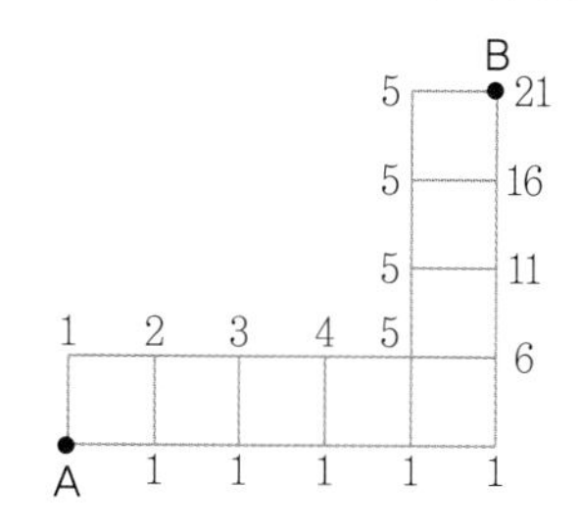

따라서 모두 21가지의 길이 있습니다.
[답] 21가지

3. 리그와 토너먼트 P.90

Free FACTO

[풀이] 4개 팀이 리그 방식으로 시합을 할 경우, 각 팀이 3번씩 시합을 하게 되므로 각 팀의 시합 수의 합은 $3 \times 4 = 12$(번)입니다. 그런데 시합은 두 팀이 하는 것이므로 한 번 시합을 할 때마다 시합 수의 합은 2씩 늘어납니다. 따라서 모두 $12 \div 2 = 6$(번)을 하게 됩니다.
4개 팀이 토너먼트 방식으로 시합을 할 경우, 우승팀을 가리기 위해서는 3개의 팀이 탈락하여야 합니다. 시합을 한 번 할 때마다 하나의 팀이 탈락하게 되므로 경기를 3번 하면 우승팀만 남게 됩니다.
[답] 리그 방식: 6번, 토너먼트 방식: 3번

[풀이] 100명의 선수들이 토너먼트 방식으로 시합을 할 경우, 우승자를 가리려면 99명이 탈락하여야 합니다. 시합을 한 번 할 때마다 한 명의 선수가 탈락하게 되므로 시합을 99번 하면 우승자가 남게 됩니다.
[답] 99번

[풀이] 6명이 악수를 한 횟수는 6명이 리그 방식으로 경기를 하는 수와 동일합니다. 6명의 사람이 각각 5명과 악수를 하는데, 악수를 1번 할 때마다 악수한 횟수의 합은 2씩 늘어나므로 악수를 한 횟수는 모두 $6\times5\div2=15$(번)입니다.
[답] 15번

Creative 팩토 ······ P.92

[풀이] (가) 마을에서 (나) 마을로 가는 방법 각각의 경우마다 (나) 마을에서 (다) 마을로 가는 방법은 2가지씩입니다. (가) 마을에서 (나) 마을로 가는 방법은 3가지이므로 (가) 마을에서 (나) 마을을 거쳐 (다) 마을로 가는 방법은 $3\times2=6$(가지)입니다.
[답] 6가지

[풀이] 남자 4명, 여자 3명 중 각각 1명씩을 뽑게 되므로 모두 $4\times3=12$(가지) 방법이 있습니다.
[답] 12가지

······ P.93

[풀이] 각 점까지 가는 최단 경로의 가짓수를 적어 보면 다음과 같습니다. 이때, 바로 연결되어 있지 않은 점의 가짓수를 더해서는 안 됩니다.

집	1	1	1	1
1	2	3	4	
	2	5	9	
1	3	8	17	18 백화점

따라서 집에서 백화점까지 가는 최단 경로는 모두 18가지입니다.
[답] 18가지

[풀이] ×표시가 된 곳은 지날 수 없으므로 ×표시가 된 점까지 가는 최단 경로의 가짓수를 0이라고 쓰면, A 도시에서 B 도시로 가는 가장 빠른 길은 8가지입니다.

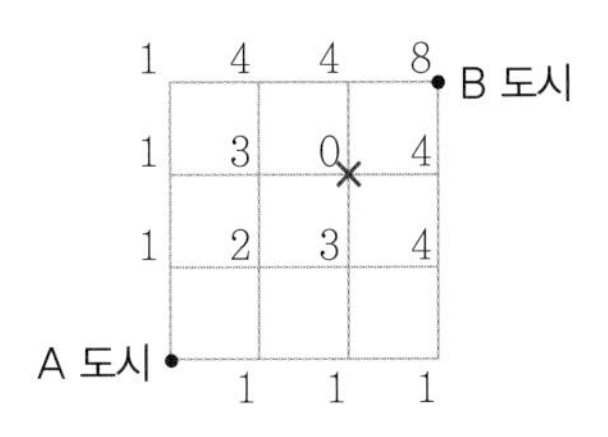

[답] 8가지

P.94

[풀이] ㉠에서 ㉡까지 선을 따라서 가장 빨리 가려면 (↗) 방향 또는 (→) 방향으로만 움직여야 합니다. 가장 빨리 가기 위해서 가면 안 되는 길을 삭제하면 다음과 같습니다.

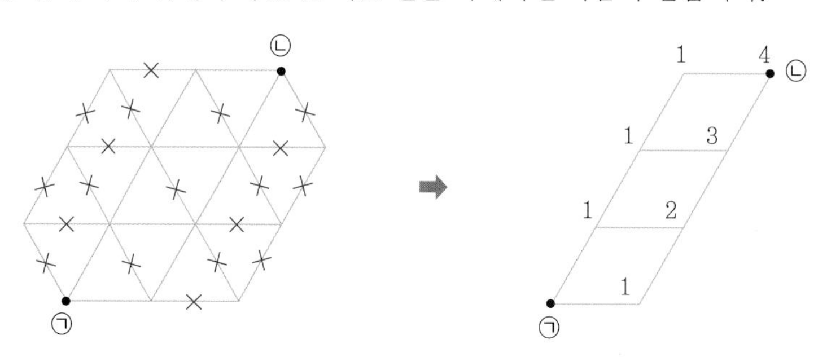

따라서 모두 4가지 방법이 있습니다.

[답] 4가지

[풀이] 준우승을 하려면 16강, 8강, 4강, 결승 경기를 해야 하므로 모두 4번 경기를 해야 합니다.

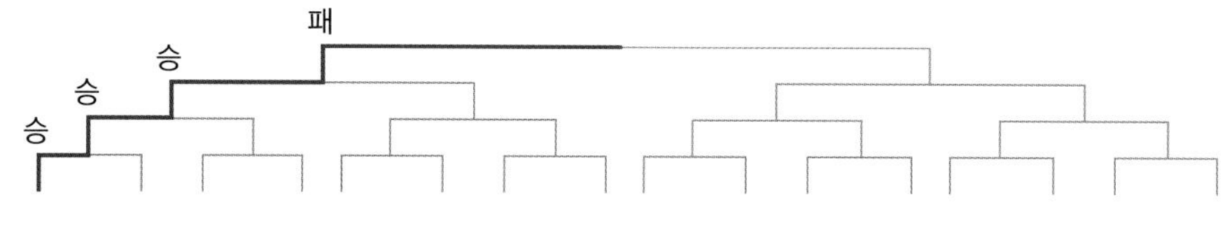

[답] 4번

P.95

[풀이] (1) 한 조에 5명씩이므로 한 조에서 해야 하는 시합 수는 $5\times4\div2=10$(번)입니다.

(2) 16개 조가 있으므로 예선전에서 모든 시합 수는 $16\times10=160$(번)입니다.

(3) 16명이 토너먼트 방식으로 시합을 하므로 15명이 탈락해야 우승자가 남습니다. 따라서 본선에서는 15번의 시합을 하여야 합니다.

(4) 예선이 160번이고 본선이 15번이므로 모두 $160+15=175$(번)의 시합을 해야 합니다.

[답] (1) 10번 (2) 160번 (3) 15번 (4) 175번

4. 만들 수 있는 수의 개수 ·· P.96

Free FACTO

[풀이] 천의 자리에는 0을 놓을 수 없으므로 1, 2, 3 세 장의 숫자 카드를 놓을 수 있습니다. 백의 자리에는 1, 2, 3 중 천의 자리에 놓은 한 장을 제외해야 하고, 0을 놓을 수 있으므로 세 장의 숫자 카드를 놓을 수 있습니다. 십의 자리에는 천의 자리와 백의 자리에 놓은 두 장을 제외하고 두 장의 숫자 카드를 놓을 수 있고, 일의 자리에는 남은 한 장을 놓으면 됩니다.
따라서 만들 수 있는 네 자리 수는 모두 $3\times3\times2\times1=18$(개)입니다.
[답] 18개

[풀이] 2, 4, 6, 8을 한 번씩만 사용하여야 하므로 천의 자리에는 4개, 백의 자리에는 3개, 십의 자리에는 2개, 일의 자리에는 1개의 숫자를 사용할 수 있습니다.
따라서 모두 $4\times3\times2\times1=24$(개)입니다.
[답] 24개

[풀이] 5만보다 큰 수를 만들기 위해서는 만의 자리가 5, 7, 9가 되어야 하므로 만의 자리에는 3장, 천의 자리에는 4장, 백의 자리에는 3장, 십의 자리에는 2장, 일의 자리에는 1장의 숫자 카드를 쓸 수 있습니다. 따라서 만들 수 있는 수의 개수는 $3\times4\times3\times2\times1=72$(개)입니다.
[답] 72개

5. 합과 곱의 가짓수 ·· P.98

Free FACTO

[풀이] 세 장의 숫자 카드에 적힌 수 중 가장 작은 수가 1일 경우:
(1, 2, 9), (1, 3, 8), (1, 4, 7), (1, 5, 6)
세 장의 숫자 카드에 적힌 수 중 가장 작은 수가 2일 경우:
(2, 3, 7), (2, 4, 6)
세 장의 숫자 카드에 적힌 수 중 가장 작은 수가 3일 경우:
(3, 4, 5)
세 장의 숫자 카드에 적힌 수 중 가장 작은 수 3보다 크면 그 수가 4이더라도 $4+5+6=15$이므로 합이 12가 될 수 없습니다.
따라서 합이 12인 세 장의 숫자 카드를 고르는 방법은 모두 $4+2+1=7$(가지)입니다.
[답] 7가지

[풀이] 3개의 수 중에서 가장 작은 수가 0일 경우:
(0, 1, 9), (0, 2, 8), (0, 3, 7), (0, 4, 6)
3개의 수 중에서 가장 작은 수가 1일 경우:
(1, 2, 7), (1, 3, 6), (1, 4, 5)
3개의 수 중에서 가장 작은 수가 2일 경우:
(2, 3, 5)
3개의 수 중에서 가장 작은 수가 2보다 크면, 그 수가 3이더라도 $3+4+5=12$이므로 합이 10이 될 수 없습니다.
[답] $10=0+1+9=0+2+8=0+3+7=0+4+6=1+2+7=1+3+6=1+4+5=2+3+5$

[풀이] 세 수 중에서 가장 작은 수가 4이면 $4\times4\times4=64$이므로 세 수 중에서 가장 작은 수가 3보다는 클 수 없습니다. 따라서 가장 작은 수가 1, 2, 3일 때를 찾아보면
1일 때: $1\times1\times30=30$, $1\times2\times15=30$, $1\times3\times10=30$, $1\times5\times6=30$
2일 때: $2\times3\times5=30$
3일 때: 없음
따라서 모두 5가지입니다.
[답] 5가지

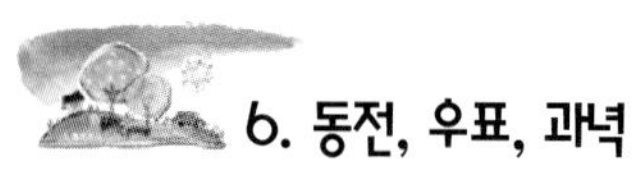

6. 동전, 우표, 과녁 P.100

Free FACTO

[풀이] 공책이 1100원이므로 500원짜리는 최대 2개까지 사용할 수 있습니다. 또, 100원짜리와 50원짜리는 모두 합해도
$100\times5+50\times5=750$(원)밖에 되지 않으므로 500원짜리는 반드시 1개 또는 2개를 사용하여야 합니다. 사용하는 500원짜리 동전의 개수에 따라 경우를 나누어 표로 만들어 보면 오른쪽과 같습니다.
따라서 공책 값을 지불하는 방법은 모두 4가지입니다.
[답] 4가지

500원짜리	100원짜리	50원짜리
1개	5개	2개
1개	4개	4개
2개	1개	0개
2개	0개	2개

[풀이] $400=50\times8$이므로 50원짜리 우표는 최대 8장까지 붙일 수 있습니다. 그런데 50원짜리 우표를 붙이고 남은 액수만큼 30원짜리 우표로 정확히 400원을 만들려면 30원짜리 우표는 0장,
5장($30\times5=150$원), 10장($30\times10=300$원)의 경우밖에 없습니다.
이를 정리해 보면 오른쪽의 표와 같습니다.
따라서 우표를 붙이는 방법은 모두 3가지입니다.
[답] 3가지

50원짜리	30원짜리
8장	0장
5장	5장
2장	10장

[풀이] $7 \times 3 = 21$이므로 7점짜리를 3번 넘게 맞히지는 않았습니다. 7점짜리를 3번 맞히면 21점으로 1점짜리가 없고, 7점짜리를 한 번도 맞히지 못했으면 5점짜리를 4번 맞추어도 22점이 되지 않으므로 7점짜리는 1번 또는 2번 맞혔습니다. 7점짜리를 1번 또는 2번 맞혔을 때, 나머지 3번을 더하여 22점이 되도록 만들어 보면 오른쪽의 표와 같습니다.

7점	5점	3점
1번	3번	0번
2번	1번	1번

[답] (5점짜리 3번, 7점짜리 1번), (3점짜리 1번, 5점짜리 1번, 7점짜리 2번)

Creative 팩토

P.102

[풀이] 짝수가 되려면 일의 자리가 짝수가 되어야 합니다. 따라서 일의 자리 숫자는 4, 6의 두 가지가 될 수 있습니다. 십의 자리 숫자는 일의 자리 숫자를 제외한 3가지, 백의 자리 숫자는 2가지, 천의 자리 숫자는 1가지가 될 수 있으므로 만들 수 있는 네 자리 수 중에서 짝수의 개수는
$2 \times 3 \times 2 \times 1 = 12$(개)입니다.
[답] 12개

[풀이] 백의 자리 숫자는 5가지가 있고, 십의 자리 숫자는 백의 자리 숫자를 제외한 4가지, 일의 자리 숫자는 백의 자리, 십의 자리 숫자를 제외한 3가지가 있습니다.
따라서 만들 수 있는 세 자리 수는 모두 $5 \times 4 \times 3 = 60$(개)입니다.
[답] 60개

P.103

[풀이] 1300보다 크고 3300보다 작으므로 천의 자리의 숫자는 1, 2, 3이 될 수 있습니다.
천의 자리의 숫자에 따라 나뭇가지 그림을 그려 보면 다음과 같습니다.

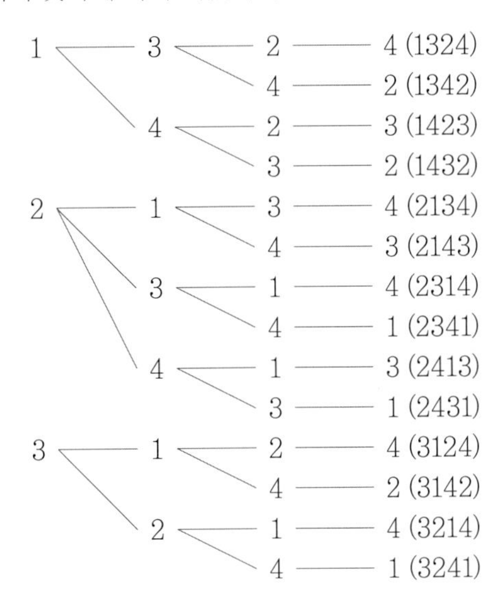

따라서 모두 14개입니다.
[답] 14개

4 [풀이]1+2+3+⋯+9=45이므로 6장의 숫자 카드를 골라 35가 되도록 하는 방법은 3장의 카드를 골라 10이 되도록 하는 방법과 같습니다. 따라서 3장의 숫자 카드로 10이 되도록 가장 작은 수를 기준으로 나누어 보면

가장 작은 수가 1일 때 (1, 2, 7), (1, 3, 6), (1, 4, 5)

가장 작은 수가 2일 때 (2, 3, 5)

입니다.

가장 작은 수가 2보다 크면, 그 수가 3이더라도 3+4+5=12이므로 10을 만들 수 없습니다.

따라서 모두 4가지 방법이 있습니다.

[답] 4가지

P.104

5 [풀이] 각각의 수가 7보다 작으면서 곱이 12가 되는 세 수를 모두 구해 보면 (1, 2, 6), (1, 3, 4), (2, 2, 3)의 세 가지 경우가 있습니다.

(1, 2, 6)일 때: 1×2×6, 1×6×2, 2×1×6, 2×6×1, 6×1×2, 6×2×1

(1, 3, 4)일 때: 1×3×4, 1×4×3, 3×1×4, 3×4×1, 4×1×3, 4×3×1

(2, 2, 3)일 때: 2×2×3, 2×3×2, 3×2×2

따라서 모두 6+6+3=15(가지)입니다.

[답] 15가지

6 [풀이] 한 명이 적어도 2개의 귤을 받으므로 10을 2 이상의 3개의 수로 나누는 방법을 모두 구하면 (2, 2, 6), (2, 3, 5), (2, 4, 4), (3, 3, 4)가 됩니다.

명수, 형진, 종찬 3명에게 나누어 주는 것이므로

(2, 2, 6) → (2, 2, 6), (2, 6, 2), (6, 2, 2)

(2, 3, 5) → (2, 3, 5), (2, 5, 3), (3, 2, 5), (3, 5, 2), (5, 2, 3), (5, 3, 2)

(2, 4, 4) → (2, 4, 4), (4, 2, 4), (4, 4, 2)

(3, 3, 4) → (3, 3, 4), (3, 4, 3), (4, 3, 3)

이 모두 다른 경우입니다.

따라서 모두 3+6+3+3=15(가지)입니다.

[답] 15가지

P.105

7 [풀이] 만 원짜리가 1장일 때: 오천 원짜리가 2장, 천 원짜리가 4장인 경우뿐입니다.

만 원짜리가 2장일 때: 가장 장수가 적은 경우라도 오천 원짜리는 3장, 천 원짜리는 4장이므로 합이 7장을 넘습니다.

만 원짜리가 2장보다 많을 때: 장수의 합이 반드시 7장을 넘습니다.

따라서 가능한 경우는 만 원짜리 1장, 오천 원짜리 2장, 천 원짜리 4장인 경우이므로

10000+5000×2+1000×4=24000(원)입니다.

[답] 24000원

[풀이] 6번으로 20점보다 높은 점수를 얻어야 합니다. 6번 중에서 5점인 부분을 몇 번 맞추었는지에 따라 경우를 나누어 나뭇가지 그림으로 그려 보면 다음과 같습니다.

5점	3점	1점	
6	0	0	5×6=30(점)
5	1	0	5×5+3×1=28(점)
	0	1	5×5+1×1=26(점)
4	2	0	5×4+3×2=26(점)
	1	1	5×4+3×1+1×1=24(점)
	0	2	5×4+1×2=22(점)
3	3	0	5×3+3×3=24(점)
	2	1	5×3+3×2+1×1=22(점)
2	4	0	5×2+3×4=22(점)

따라서 모두 9가지입니다.

[답] 9가지

Thinking 팩토 P.106

[풀이] A에서 B, C를 거쳐 D로 가는 경우: 1×3×2=6(가지)

A에서 C를 거쳐 D로 가는 경우: 1×2=2(가지)

A에서 D로 직접 가는 경우: 1가지

따라서 모두 6+2+1=9(가지)입니다.

[답] 9가지

[풀이] 모자는 3가지, 목도리는 3가지, 장갑은 2가지 있으므로 모자, 목도리, 장갑을 하나씩 고르는 방법은 3×3×2=18(가지)입니다.

[답] 18가지

.... P.107

[풀이] 집에서 문방구점으로 가는 가장 빠른 길의 가짓수와 문방구점에서 학교로 가는 가장 빠른 길의 가짓수를 곱하면 됩니다.

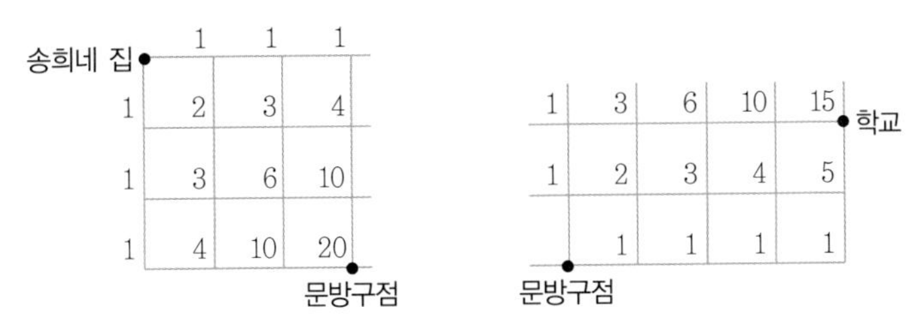

집에서 문방구점까지 가는 가장 빠른 길은 20가지이고, 문방구점에서 학교까지 가는 가장 빠른 길은 15가지이므로 모두 20×15=300(가지)입니다.

[답] 300가지

[풀이] (1) 여자와 남자가 한 악수: 1명의 여자가 4명의 남자와 악수했으므로 $5\times4=20$(번)
(2) 여자와 여자가 한 악수: 여자는 5명이므로 $5\times4\div2=10$(번)
(3) 모두 $20+10=30$(번) 악수를 했습니다.
[답] (1) 20번 (2) 10번 (3) 30번

P.108

[풀이] 같은 숫자 카드가 10장씩 있으므로 같은 수를 여러 번 사용할 수 있습니다.
홀수가 되어야 하므로 일의 자리는 5 또는 7이 되어야 합니다. 백의 자리는 0을 제외한 4가지, 십의 자리에는 5가지, 일의 자리에는 2가지 숫자가 올 수 있습니다.
따라서 만들 수 있는 세 자리 수 중에서 홀수는 $4\times5\times2=40$(개)입니다.
[답] 40개

[풀이] 7을 서로 다른 두 수의 합으로 나타내는 방법은 $0+7$, $1+6$, $2+5$, $3+4$입니다.
7을 서로 다른 세 수의 합으로 나타내는 방법은 $0+1+6$, $0+2+5$, $0+3+4$, $1+2+4$입니다.
7을 서로 다른 네 수의 합으로 나타내는 방법은 $0+1+2+4$입니다.
서로 다른 다섯 수의 합은 가장 작은 수를 사용해도 $0+1+2+3+4=10$이므로 7을 서로 다른 다섯 수의 합으로 나타낼 수는 없습니다.
따라서 모두 9가지입니다.
[답] $7=0+7=1+6=2+5=3+4=0+1+6=0+2+5=0+3+4=1+2+4=0+1+2+4$

P.109

[풀이] 80점을 얻으려면 10점은 최대 8발입니다. 10점을 맞힌 횟수에 따라 80점이 되도록 표를 만들어 보면 모두 7가지입니다.
[답] (10점짜리 8번), (10점짜리 4번, 8점짜리 5번),
(10점짜리 3번, 9점짜리 2번, 8점짜리 4번),
(10점짜리 2번, 9점짜리 4번, 8점짜리 3번),
(10점짜리 1번, 9점짜리 6번, 8점짜리 2번),
(9점짜리 8번, 8점짜리 1번), (8점짜리 10번)

10점	9점	8점
8	0	0
4	0	5
3	2	4
2	4	3
1	6	2
0	8	1
0	0	10

[풀이] 500원짜리 동전의 개수에 따라 경우를 나누어 표로 만들어 보면 다음과 같습니다.

500원	2	1	1	1	1	1	1	0	0	0	0	0	0	0	0	0	0	0
100원	0	5	4	3	2	1	0	10	9	8	7	6	5	4	3	2	1	0
50원	0	0	2	4	6	8	10	0	2	4	6	8	10	12	14	16	18	20

따라서 모두 18가지 방법이 있습니다.
[답] 18가지

X 문제해결력

1. 가정하여 풀기 ······························ P.112

Free FACTO

[풀이] 100마리가 모두 오리라면 다리 수는 $2\times100=200$(개)여야 합니다.
100마리의 오리 중 한 마리가 토끼 한 마리로 바뀌면 다리 수는 토끼와 오리의 다리 수 차이만큼인 2개 늘어나고, 2마리가 토끼로 바뀌면 다리 수는 4개 늘어납니다.
다리 수가 $280-200=80$(개) 늘어나야 하므로 오리 40마리가 토끼로 바뀌어야 합니다.
따라서 100마리 중 오리가 60마리, 토끼가 40마리입니다.
[답] 40마리

[풀이] 25대가 모두 두발자전거라면 바퀴는 50개여야 합니다. 25대의 두발자전거 중 한 대가 세발자전거로 바뀌면 바퀴 수는 1개가 늘어납니다.
자전거의 바퀴는 60개로, 모두 두발자전거일 때보다 10개 늘어나므로 세발자전거가 10대 있다는 것을 알 수 있습니다.
따라서 두발자전거가 15대, 세발자전거가 10대 있습니다.
[답] 10대

[풀이] 10문제를 모두 틀렸다면 점수는 $5\times10=50$(점)이 됩니다. 한 문제 맞힐 때마다 50점에서 5점씩 늘어나므로 수진이가 받은 80점이 되려면 맞힌 문제는 $(80-50)\div5=6$입니다.
따라서 수진이가 맞힌 문제는 6문제입니다.
[답] 6문제

2. 저울산 ······························ P.114

Free FACTO

[풀이] ○ = ●● 이므로 ∘∘○ = ●●● 에서 흰색 공 1개를 검은색 공 2개로 바꾸어 ∘∘●̸●̸ = ●●̸●̸ 을 만듭니다. 따라서 ∘∘ = ● 이므로 ○ = ●● 에서 검은색 공 1개를 파란색 공 2개로 바꾸면 ○ = ∘∘∘∘ 됩니다. 즉, 흰색 공 1개는 파란색 공 4개와 무게가 같습니다.
[답] 4개

예제 01

[풀이] 첫째 번 저울에서 ▲★̸ = ★̸◆ 이므로 ▲ = ◆◆ 이고,

둘째 번 저울 ▲◆ = ★★★ 에서 ▲1개를 ◆ 2개로 바꾸면

◆◆◆ = ★★★ 이 되어 ◆ = ★ 입니다.

따라서 셋째 번 저울에서 ★ 2개는 ◆ 2개의 무게와 같습니다.

[답] 2개

예제 02

[풀이] A A B B = C C C C 이므로 양쪽을 절반으로 나누면 A B = C C 입니다.

C C = B B B 에서 C C 를 A B 로 바꾸면 A B̸ = B B B̸ 입니다.

A 한 개는 8g이므로 B 한 개는 4g입니다.

또, C C = B B B 에서 C C 는 4+4+4=12(g)이므로 C 한 개는 6g입니다.

[답] B: 4g, C: 6g

3. 합과 차를 이용한 계산 ······ P.116

Free FACTO

[풀이] 갑+을=11(살), 을+병=20(살), 갑+병=27(살)이므로
(갑+을)+(을+병)+(갑+병)=58(살) 즉, 갑+을+병=29(살)입니다.

```
   갑+을+병 = 29(살)        갑+을+병 = 29(살)        갑+을+병 = 29(살)
-) 갑+을    = 11(살)     -)    을+병 = 20(살)     -) 갑   +병 = 27(살)
        병 = 18(살)        갑       = 9(살)          을     = 2(살)
```

이므로 갑은 9살, 을은 2살, 병은 18살로 을이 가장 나이가 어립니다.
[답] 2살

[풀이] 배+감=1300(g), 배+사과=1100(g), 사과+감=1000(g)이므로
(배+감)+(배+사과)+(사과+감)=3400(g) 즉, 배+감+사과=1700(g)입니다.

```
   배+감+사과 = 1700(g)       배+감+사과 = 1700(g)       배+감+사과 = 1700(g)
-) 배+감      = 1300(g)    -) 배   +사과 = 1100(g)    -)    감+사과 = 1000(g)
         사과 = 400(g)        감         = 600(g)        배         = 700(g)
```

이므로 사과는 400g, 감은 600g, 배는 700g입니다.
[답] 사과: 400g, 감: 600g, 배: 700g

[풀이] 긴 막대와 짧은 막대의 길이의 합이 100cm이고, 긴 막대가 짧은 막대보다 20cm더 길다고 했으므로 먼저 차이 나는 20cm를 긴 막대 쪽에 주고, 남은 80cm를 똑같이 나누어 $80 \div 2 = 40$(cm)씩 가지면 됩니다. 따라서 긴 막대는 $20 + 40 = 60$(cm)이고, 짧은 막대는 40cm입니다.

[답] 60cm

100cm		
20cm	100cm	
20cm	40cm	40cm
60cm		40cm

[별해] (긴 막대)+(짧은 막대)=100(cm)이고, (긴 막대)−(짧은 막대)=20(cm)이므로

$$\begin{array}{rl} & (\text{긴 막대})+(\text{짧은 막대})=100(\text{cm}) \\ +) & (\text{긴 막대})-(\text{짧은 막대})=\ \ 20(\text{cm}) \\ \hline & (\text{긴 막대})\times 2=120(\text{cm}) \end{array}$$

따라서 (긴 막대)=60(cm)입니다.

Creative 팩토

P.118

[풀이] 닭을 제외한 가축들은 모두 다리가 4개이므로 10마리 모두 닭이 아닌 동물이라면 다리 수는 모두 $10 \times 4 = 40$(개)가 되어야 합니다.

10마리 중 1마리가 닭으로 바뀌면 다리 수는 2개가 줄어드는데, 다리 수는 $40 - 34 = 6$(개) 차이 나므로 닭은 $6 \div 2 = 3$(마리)입니다.

[답] 3마리

[풀이] (연)(연)(연)=(볼)(지)이므로 (연)(볼)(지)=(지)(지)에서 볼펜 1개와 지우개 1개를 연필 3개로 바꾸면 (연)(연)(연)(연)=(지)(지)가 됩니다.

양쪽을 절반으로 나누면 (연)(연)=(지)이므로 지우개 하나는 $10 + 10 = 20$(g)이고,

(연)(연)(연)=(볼)(지)이므로 볼펜은 $10 + 10 + 10 - 20 = 10$(g)입니다.

[답] 지우개: 20g, 볼펜: 10g

P.119

[풀이] A는 B보다 구슬이 2개 더 많고, C는 B보다 구슬이 3개 더 많으므로 이를 그림으로 나타내면

B가 가진 구슬: ● … ●

A가 가진 구슬: ● … ● ● ●

C가 가진 구슬: ● … ● ● ● ●

따라서, C가 A보다 구슬을 1개 더 많이 가지고 있습니다.

[답] C, 1개

[풀이] 5번 모두 뒷면이 나왔다면 원래 있던 곳에서 남쪽으로 5발짝 떨어진 곳에 있어야 합니다. 여기서 뒷면 1개를 앞면 1개로 바꾸면 3발짝 북쪽으로 이동하게 됩니다.

하지만 지금 도영이는 원래 있던 곳에서 북쪽으로 1발짝 떨어진 곳에 있으므로 북쪽으로 6발짝 더 아동해야 합니다. 따라서 앞면이 $6 \div 3 = 2$(번) 나왔습니다.

[답] 2번

P.120

[풀이] 둘째 번 저울에서 ●● = ■■■이므로 ● > ■ 이고,

첫째 번 저울 ▲● = ★■ 에서 ● > ■이므로 ▲ < ★ 이 됩니다. 즉,

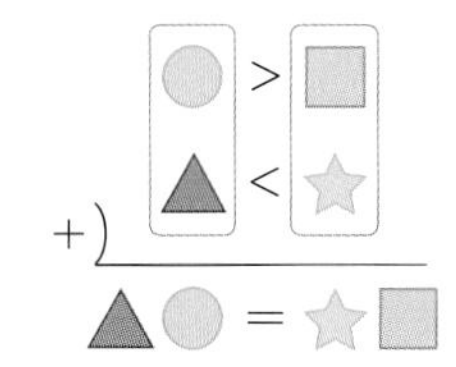

[답] ★

[풀이] 10명이 모두 여학생이라면 빵을 5개 먹었어야 합니다. 2명의 여학생이 2명의 남학생으로 바뀌면 먹는 빵의 개수가 1개에서 4개로 3개 늘어납니다. 먹은 빵이 5개에서 11개로 6개(3×2) 늘어나야 하므로 4명(2×2)의 여학생이 남학생으로 바뀌어야 합니다.

따라서 10명 중 남학생은 4명, 여학생은 6명입니다.

[답] 4명

P.121

[풀이] (1) A가 B의 2배여야 하므로 (A, B)가 (2g, 1g), (4g, 2g), (6g, 3g)이 가능합니다.

(2) C가 D의 2배이므로 A=4g, B=2g인 경우 C=6g, D=3g을 달면 됩니다.

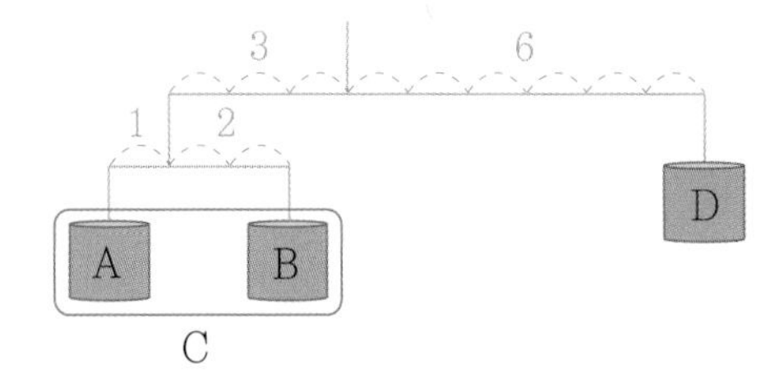

따라서 A에는 4g, B에는 2g, D에는 3g의 추를 달아야 합니다.

[답] (1) (2g, 1g), (4g, 2g), (6g, 3g) (2) 4g, 2g, 3g을 왼쪽에서부터 차례로 달면 됩니다.

4. 가로수 심기

P.122

Free FACTO

[풀이] '길이가 20m인 길에 10m 간격으로 가로수를 심는다면 모두 몇 그루의 나무가 필요한가'의 문제를 그림으로 간단하게 나타내면 다음과 같습니다.

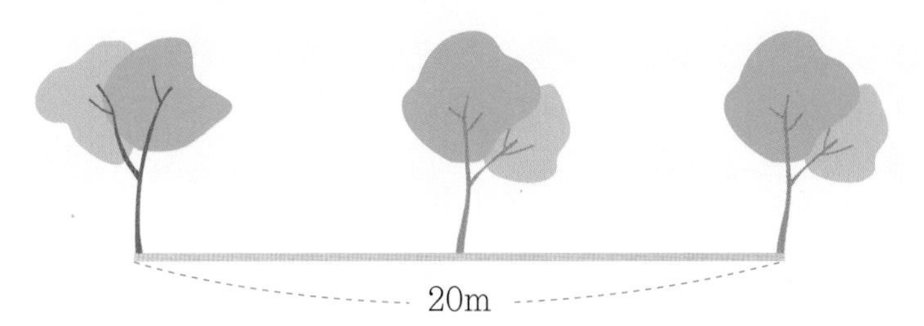

이 경우, 20÷10=2(그루)가 아닌 3그루가 필요하다는 것을 알 수 있는데, 이는 출발점에도 나무를 심어야 하기 때문에 간격의 개수 20÷10=2보다 1그루가 더 필요한 것입니다.
이를 문제에 적용하면 가로수는 300÷10+1=31(그루) 필요하고, 가로등은 가로수 사이의 간격마다 1개씩 있으므로 300÷10=30(개) 필요합니다.

[답] 가로수: 31그루, 가로등: 30개

[풀이] 간격의 수는 10÷1=10(개)이고, 출발점에도 해바라기 1송이가 심어져 있으므로 해바라기는 간격의 개수보다 1송이 많은 (10÷1)+1=11(송이)입니다. 국화는 다음 그림과 같이 해바라기 사이의 간격에 4송이씩 심어져 있으므로 (10÷1)×4=40(송이)입니다.

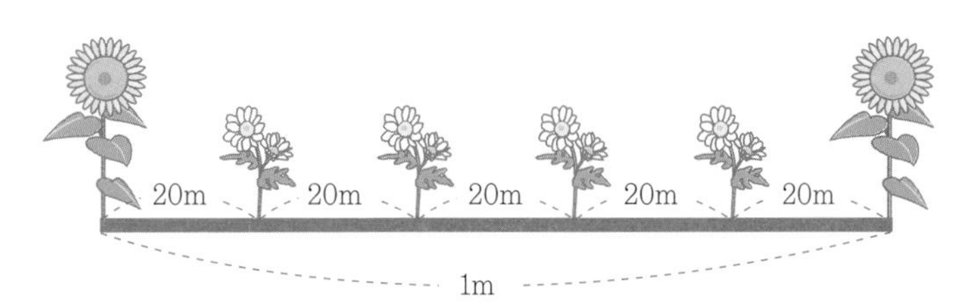

[답] 해바라기: 11송이, 국화: 40송이

[풀이] 통나무를 10도막으로 자르려면 9번을 잘라야 하므로 모두 자르는 데 5(분)×9=45(분)이 걸립니다.

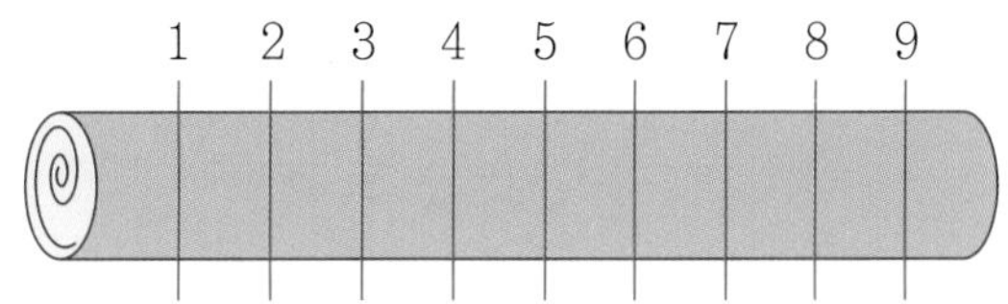

[답] 45분

5. 거꾸로 생각하기 P.124

Free FACTO

[풀이] 거꾸로 풀 때에는 덧셈을 뺄셈으로, 뺄셈을 덧셈으로, 곱셈을 나눗셈으로, 나눗셈을 곱셈으로 풀어야 합니다.

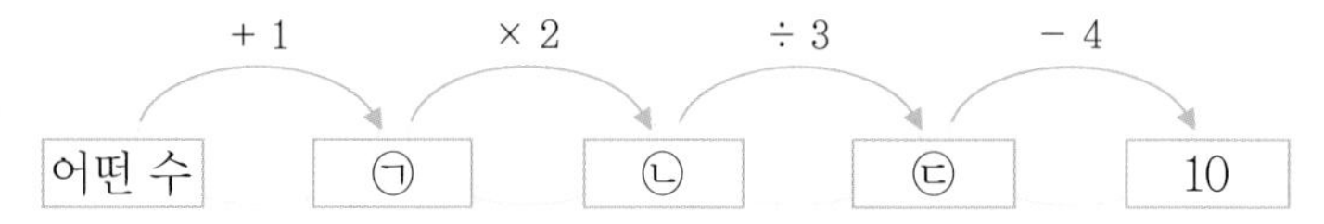

㉢$=10+4=14$, ㉡$=14\times3=42$, ㉠$=42\div2=21$, 어떤 수$=21-1=20$
따라서 어떤 수는 20입니다.
[답] 20

[풀이] 거꾸로 풀 때에는 덧셈을 뺄셈으로, 뺄셈을 덧셈으로, 곱셈을 나눗셈으로, 나눗셈을 곱셈으로 풀어야 합니다.

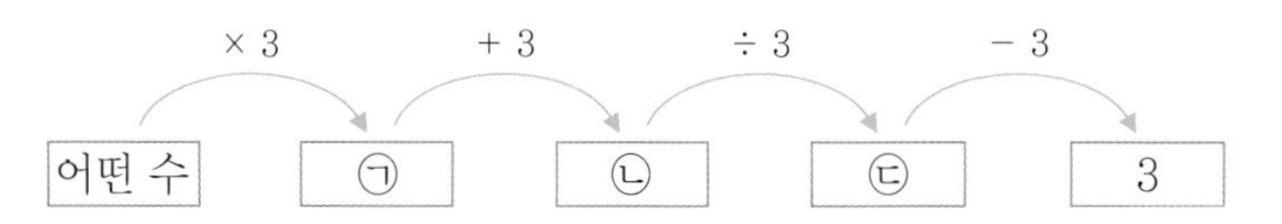

㉢$=3+3=6$, ㉡$=6\times3=18$, ㉠$=18-3=15$, (어떤 수)$=15\div3=5$
따라서 어떤 수는 5입니다.
[답] 5

[풀이] 찬영이가 처음 가지고 있던 빵:
형에게 준 빵:
동생에게 준 빵:
찬영이가 먹은 빵과 남은 빵:

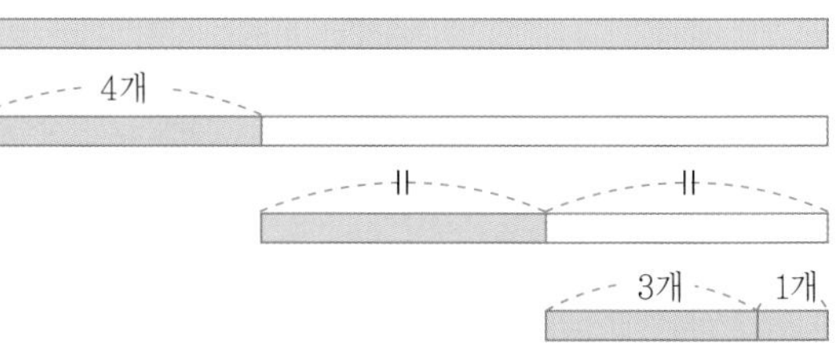

찬영이가 먹은 빵과 남은 빵을 합한 4개는 동생에게 준 빵의 개수와 같습니다.
따라서 찬영이가 처음에 가지고 있던 빵은 $4+4+4=12$(개)입니다.
[답] 12개

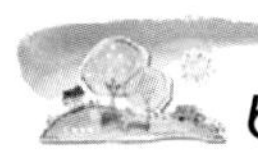

6. 상상력이 필요한 문제들 P.126

Free FACTO

[풀이] 15병을 마시면 빈 병 15개가 생기고, 이것으로 음료수 5병을 받아옵니다.
받아온 음료수 5병을 마시고, 빈 병 3개로 음료수 1개를 받아옵니다. … 빈 병 2개 남아 있음
받아온 음료수 1병을 마시고, 이 빈 병 1개와 남아 있던 2개의 빈 병을 합해 다시 음료수 1병을 받아옵니다.
따라서 음료수를 최대 15+5+1+1=22(병) 마실 수 있습니다.
[답] 22병

[풀이] 1+2−3=139

142−3=139가 되어 맞는 식이 됩니다.
[답] 풀이 참조

[풀이]

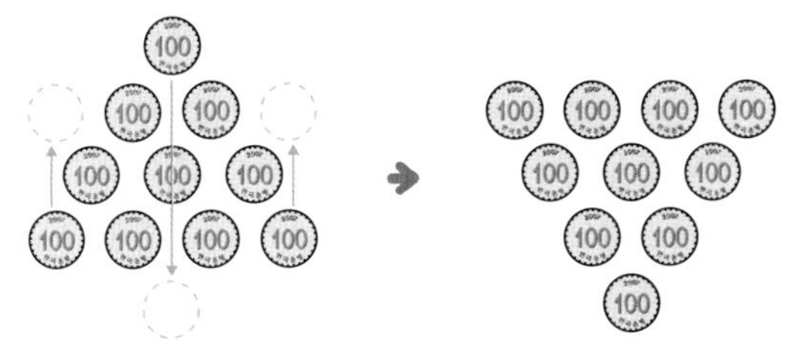

[답] 3개

Creative 팩토 P.128

[풀이] 길에 가로수를 심을 경우에는 출발점에도 1그루를 심어야 하므로 간격의 개수보다 1그루 더 많이 심어야 합니다.
그러나 호수의 둘레에 심을 경우에는 출발점과 끝점이 붙어 있으므로 가로수는 간격의 개수만큼만 심으면 됩니다.
문제에서 가로수는 호수의 둘레에 심어져 있으므로 간격의 개수만큼인 100÷5=20(그루)가 심어져 있고, 긴 의자는 가로수 사이의 간격마다 1개씩 있으므로 간격의 개수만큼인 100÷5=20(개)가 있습니다.
[답] 가로수: 20그루, 긴 의자: 20개

2 [풀이] 1층에서 5층까지는 네 층을 올라간 것입니다. 네 층 올라가는 데 20분이 걸리므로 한 층 올라가는 데는 5분이 걸립니다.
따라서 1층에서 10층까지는 아홉 층을 올라간 것이므로 9×5(분)$=45$(분)이 걸립니다.
[답] 45분

P.129

3 [풀이] 8부터 40까지 점 사이의 간격이 모두 2이므로 간격의 개수는 $(40-8)\div2=16$(개)입니다.
점은 출발점인 8에도 찍었으므로 점의 개수는 간격의 개수보다 1개 더 많은 $16+1=17$(개)입니다.
[답] 17개

4 [풀이] 처음 가지고 있던 떡:

고개 1개를 지나고 남은 떡:

고개 2개를 지나고 남은 떡:

고개 3개를 지나고 남은 떡: 2개

고개 2개를 지나고 남은 떡은 고개 3개를 지나고 남은 떡의 2배이므로 $2\times2=4$(개)이고,
고개 1개를 지나고 남은 떡은 고개 2개를 지나고 남은 떡의 2배이므로 $4\times2=8$(개)입니다.
따라서 할머니가 처음에 가지고 있던 떡은 고개 1개를 지나고 남은 떡의 2배인 $8\times2=16$(개)입니다.
[답] 16개

P.130

5 [풀이]

현주	경미	지우	
5000	5000	5000	
2000	5000	8000	③ 지우가 현주에게 3천 원을 빌려 줌
2000	7000	6000	② 경미가 지우에게 2천 원을 빌려 줌
5000	4000	6000	① 현주가 경미에게 3천 원을 빌려 줌

처음에 세 사람이 가지고 있던 돈 → 5000, 4000, 6000

[답] 현주: 5000원, 경미: 4000원, 지우: 6000원

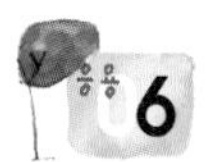

6 [풀이] 20대가 동시에 1분 동안 각각 10개씩 빵을 만들면 모두 200개를 만들 수 있습니다.
[답] 1분

P.131

응용 7 [풀이]

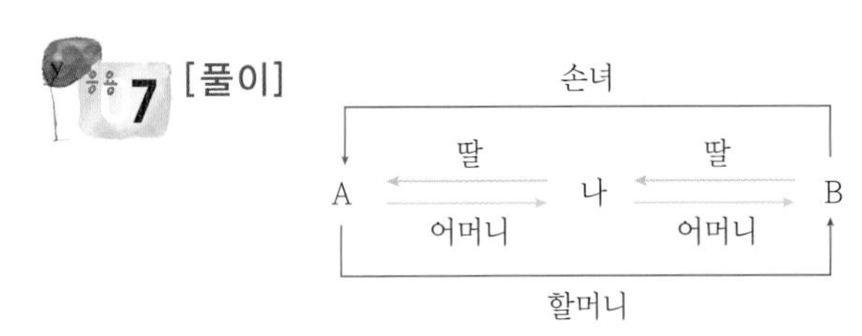

따라서 식사를 하고 있는 사람은 최소 3명입니다.

[답] 3명

응용 8 [풀이]

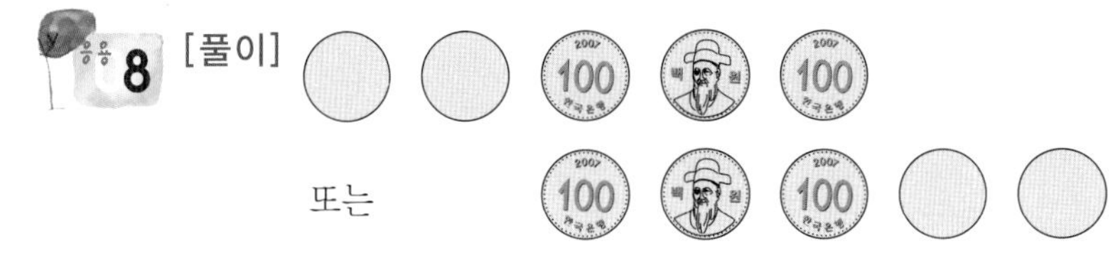

즉, 세 동전의 왼쪽이나 오른쪽에 동전 2개를 나란히 놓습니다.

[답] 풀이 참조

Thinking 팩토

P.132

도전 1 [풀이] 처음에 소영이와 승준이가 각자 가진 연필의 개수를 □라고 하면, 소영이가 승준이에게 연필 10자루를 준 후 소영이는 (□−10)자루, 승준이는 (□+10)자루를 가지게 됩니다. 이때, 승준이가 가진 연필의 수가 소영이가 가진 연필의 수의 2배이므로 □+10=(□−10)+(□−10)이 되어, □=30입니다.

따라서 두 사람이 가진 연필은 모두 30+30=60(자루)입니다.

[답] 60자루

도전 2 [풀이] 흰색 공과 노란색 공으로 구분하여 알아보면 (노란색 공 2개)=(흰색 공 3개),

(노란색 공 2개)+(흰색 공 3개)+(작은 양팔저울)=(노란색 공 10개)이므로

(흰색 공 3개)+(흰색 공 3개)+(작은 양팔저울)=(흰색 공 15개)입니다.

즉, (흰색 공 6개)+(작은 양팔저울)=(흰색 공 15개)이므로 작은 양팔저울은 흰색 공 9개의 무게와 같습니다.

[답] 9개

P.133

도전 3 [풀이] (1) 이긴 사람이 3점, 진 사람이 1점 얻으므로 점수의 합이 4점씩 올라갑니다.

(2) 16+24=40(점)이므로 가위바위보를 40÷4=10(번) 했습니다.

(3) 10번 모두 A가 졌다고 가정하면 A는 10×1=10(점)을 얻어야 합니다. 그러나 A는 16점을 얻었으므로 (16−10)÷(3−1)=3(번) 이겼습니다.

[답] (1) 4점 (2) 10번 (3) 3번

P.134

[풀이] (1)

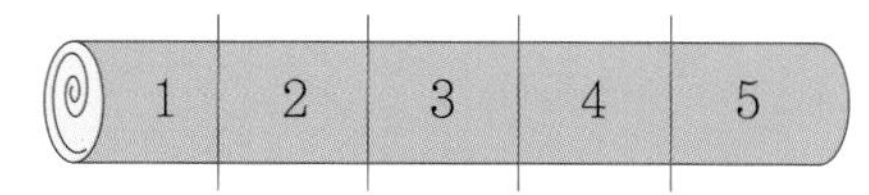

위의 그림과 같이 8번 잘라야 합니다.

(2) 5(분)×8=40(분)

(3) 마지막에 자른 후에는 쉬지 않으므로 7번 쉬어야 합니다. 따라서 쉬는 시간은 모두 7×1=7(분)입니다.

(4) 40+7=47(분)

[답] (1) 8번 (2) 40분 (3) 7분 (4) 47분

P.135

[풀이] 거꾸로 거슬러 올라가면서 정리하면 다음 표와 같습니다.

형	아우	
8	8	
12	4	③ 형이 아우에게 아우가 가진 만큼의 쌀을 줌
6	10	② 아우가 형에게 형이 가진 만큼의 쌀을 줌
11	5	① 형이 아우에게 아우가 가진 만큼의 쌀을 줌

처음에 형제가 가지고 있던 쌀 → 11, 5

[답] 형: 11가마니, 아우: 5가마니

[풀이] ① 5800원으로 콜라 11병을 사 마시고, 11개의 빈 병 중 8개로 콜라 2병을 받아 옵니다.
… 빈 병 3개와 300원 남아 있음

② 받아온 콜라 2병을 마시고 ①의 빈 병 3개 중 2개를 합해 빈 병 4개로 콜라 1병을 받아옵니다.
… 빈 병 1개와 300원 남아 있음

③ 받아온 콜라 1병을 마시고 ②의 빈 병 1개를 합해 빈 병 2개로 200원을 받아오면 남은 돈이 총 200+300=500(원)이 되는데, 이것으로 콜라 1병을 더 마실 수 있습니다.

따라서 콜라를 최대 11+2+1+1=15(병)을 마실 수 있습니다.

[답] 15병

Memo

Memo

팩토는 자유롭게 자신감있게 창의적으로
생각하는 주·니·어·수·학·자입니다.

Free **A**ctive **C**reative **T**hinking **O**. Junior mathtian

논리적 사고력과 창의적 문제해결력을 키워 주는

매스티안 교재 활용법!

대상	창의사고력 교재		연산 교재
	팩토슐레 시리즈	팩토 시리즈	원리 연산 소마셈
4～5세	팩토슐레 Math Lv.1 (6권)		
5～6세	팩토슐레 Math Lv.2 (6권)	킨더팩토 A, 킨더팩토 B, 킨더팩토 C, 킨더팩토 D	소마셈 K시리즈 K1～K8
6～7세	팩토슐레 Math Lv.3 (6권)		
7세～초1		키즈 원리A, 탐구A / 키즈 원리B, 탐구B / 키즈 원리C, 탐구C	소마셈 P시리즈 P1～P8
초1～2		Lv.1 원리A, 탐구A / Lv.1 원리B, 탐구B / Lv.1 원리C, 탐구C	소마셈 A시리즈 A1～A8
초2～3		Lv.2 원리A, 탐구A / Lv.2 원리B, 탐구B / Lv.2 원리C, 탐구C	소마셈 B시리즈 B1～B8
초3～4		Lv.3 원리A, 탐구A / Lv.3 원리B, 탐구B / Lv.3 원리C, 탐구C	소마셈 C시리즈 C1～C8
초4～5		Lv.4 기본A, 실전A / Lv.4 기본B, 실전B	소마셈 D시리즈 D1～D6
초5～6		Lv.5 기본A, 실전A / Lv.5 기본B, 실전B	
초6～		Lv.6 기본A, 실전A / Lv.6 기본B, 실전B	